点・線・面

隈 研吾

일러두기

- 인명과 지명을 비롯한 고유명사의 외국어 표기는 국립국어원 외래어표기법에
  따랐으며 관례로 굳어진 경우는 예외로 두었다.
- 원어는 처음 나올 때만 병기하되 필요에 따라 예외를 두었다.
- 단행본은 「 」, 논문은 「 」, 잡지와 신문은 《 》, 예술 작품은 〈 〉로 엮고,
  건축물은 기호 없이 이름만 적었다.
- 이 책에서 다룬 서적과 논문은 본문 처음 나온 곳에 ●를 첨자로 붙였다. 참고 문헌에는
  지은이가 참고한 일서를 우선으로 적되 원서나 한글 번역본이 있는 경우 함께 적었다.
- 찾아보기 속 인명의 경우 성이나 이름만 등장하는 쪽까지 포함했다.

점·선·면

点·線·面

2021년 7월 29일 초판 발행 · 2023년 10월 10일 3쇄 발행 · **지은이** 구마 겐고 · **감수** 임태희
옮긴이 송태욱 · **펴낸이** 안미르, 안마노 · **기획·진행** 문지숙 · **편집** 김소원 · **디자인** 옥이랑
영업 이선화 · **커뮤니케이션** 김세영 · **제작** 세걸음 · **글꼴** AG 최정호체, 아르바나, Helvetica

안그라픽스

주소 10881 경기도 파주시 회동길 125-15 · **전화** 031.955.7755 · **팩스** 031.955.7744
이메일 agbook@ag.co.kr · **웹사이트** www.agbook.co.kr · **등록번호** 제2-236(1975.7.7)

ISBN 978.89.7059.475.0 (93540)

점·선·면

구마 겐고 지음

임태희 감수 | 송태욱 옮김

안그라픽스

들어가며

20세기를 총괄하며 비판할 생각으로 나는 2004년 『지는 건축負ける建築』한국어판 『약한건축』이라는 책을 냈다. 20세기는 '이기는 건축'의 시대라서 딱딱하고 강하고 묵직한 콘크리트를 사용하여 환경에 이기는 것을 목적으로 한 '이기는 건축'이 대량 생산되었다. 그래서 이를 대신할 '지는 건축'을 제안한 것이다.

그 후, 져야 한다는 것은 알겠는데 어떻게 져야 좋은 것이냐는 질문을 무척 많이 받았다.

"지세요."라고 관념적으로 설교하지 않고 되도록 구체적으로 현실에 맞게 말할 생각으로 글을 쓰기 시작했다. 하지만 써나가는 중에 20세기보다 한참 전으로 거슬러 오르지 않으면 '지는 방법'이 모습을 드러내지 않는다는 사실이 분명했다.

작품 배후에 있는 방법을 찾아보니 초기 르네상스 건축가 필리포 브루넬레스키나 레온 바티스타 알베르티가 이기는 방법과 지는 방법의 한 분수령이었다.

단위가 작은 것이 지는 방법의 기본이었다. 하지만 작다는 것만으로 충분하지 않다는 사실을 알게 되었다. 작음의 모습에는 여러 가지가 있다. 바로 점·선·면이 그렇다. 돌멩이나 가느다란 막대기나 천 조각 등 다양한 작은 사물이 서로 끼워 넣어지고 서로 도약하며 생생하게 '지고' 있었다. 양자역학 이후 새로 등장한 물리학의 도움을 얻어가며 그렇게 차원을 끼워 넣고 도약이 일어나는 모습을 관찰하면 시간이라는 문제를 빼놓고 차원의 전위를 설명할 수 없다는 사실을 알 수 있다. 인간을 작은 사물과 동일한 차원으로 내리지 않을 수 없다는 사실도 알게 된다.

건축이 이겼다기보다 인간이 사물보다 상위 차원에 있음으로써 인간이 만들고 사용하는 건축이 이겨버렸다는 것이다. 민주적인 건축, 사회에 열린 건축에 대해 내내 생각해왔지만 민주적이라는 것도 그런 방법으로 말하고 실현할 수 있겠다는 예감이 들었다. 그 방법을 놓고 앞으로 여러 가지 탐색이 진행될 거라 생각해 이를 '방법서설'이라고도 명명해보았다.

큰 건축물을 짓지 않을 수 없었던 나의 개인적 사정 때문에 그런 사고를 재촉하게 되었다. 물리적으로 크다 해도 존재 방식으로서 작고 사람들이 '졌다'고 느낄 건축을 할 수는 없을까? 그 해답을 찾는다면 확장되고 가속화하는 세계에서도 작고 느긋한 사물과 함께 살아갈 수 있을지 모른다. 인간이라는 작고 약하고 덧없는 존재가 똑같이 작고 약하고 덧없는 사물을 동료로 삼음으로써 어떻게든 살아남을 수 있을지도 모른다.

그 상황, 그 압박감이 나의 붓을 뒤에서 밀어주었다.

2020년 1월 구마 겐고

방법서설

점

선

면

방법서설

方法序說

20세기는 볼륨의 시대

요즘 하는 일을 한마디로 정리하면 볼륨의 해체가 아닐까 하는 생각이 들었다. 볼륨을 점·선·면으로 해체해 통풍을 좋게 하고 싶다. 통풍을 좋게 함으로써 사람과 사물을, 사람과 환경을, 사람과 사람을 다시 잇고 싶다.

볼륨이란 콘크리트 건축의 속성이다. 콘크리트 건축은 무의식중에 볼륨을 지향하고 볼륨이 되고 싶어 한다. 자갈과 모래와 시멘트와 물을 섞은 걸쭉한 액체를 건조해 굳힌 것이 콘크리트이고 애초에 '덩어리=볼륨'이기 때문이다. 반대로 한 덩어리가 되기를 거부한, 듬성듬성하고 산뜻한 사물의 모습이 점·선·면이다.

나는 내내 '콘크리트에서 나무로'가 평생의 테마라고 생각해왔다. 20세기를 요약하자면 공업화 사회이고 콘크리트 시대였다. 공업화 사회는 실제로 콘크리트 소재로 건설되었고 동시에 콘크리트 물질로 표상되는 사회였다. 우리가 살고 있는 포스트 공업화 사회는 나무라는 소재로 다양한 물건을 만들어야 할 것이고 나무로 표상되는 사회가 될 것이다.

그것은 나의 예측이자 열망이다. 그렇기에 2020도쿄올림픽·패럴림픽 국립경기장은 전국에서 나무를 모아 작은 나무 조각을 하나씩 손으로 짜 올리듯 만들었다. 나무를 사용한다면 가능한 볼륨으로 닫히는 형태를 피하고 나무 특유의 듬성듬성한 개방감을 만들어내고 싶었다. 폭이 10.5cm밖에 안 되는 점처럼 작고 또 선처럼 가느다란 삼나무 판자로 국립경기장 외벽을 덮었다. 전체는 크지만 우리 눈앞에 있는 것은 작은 점이나 선이다.

실제 공사 현장에 가보면 잘 알 수 있는데, 콘크리트는 큰 덩어리를 만드는 데 적합한 소재다. 형틀을 만들고 거기에 걸쭉한 시멘트 혼합물을 부어넣기만 하면 순식간에 닫힌 볼륨이 생성된다. 철골이나 나무는 가늘고 긴 선재線材로, 선과 선 사이에 틈이 생겨버려 볼륨을 만들어내려면 품이 무척 많이 든다. 선과 선을 단단히 잇고 그 틈을 하나씩 주의 깊게 메워나가지 않으면 안 된다.

콘크리트를 사용해 즉석에서 만든 크고 튼튼한 볼륨 안에 가능한 많은 사람을 밀어 넣는 방식이 20세기 기본 생활 양식이고 경제 방식이었다. 게다가 편리하게도 공기 조절장치가 발명되어 볼륨 안 공기를 간단히 제어할 수 있게 되었다. 사람들은 공기 환경을 조절한 부자연스러운 밀폐 공간에서 지내는 생활을 행복으로 착각했다.

그 이전 시대에는 볼륨 바깥에 다양한 행복이 있었다. 예컨대 골목을 돌아다니거나 툇마루에서 빈둥빈둥 노는 행복은 볼륨 바깥이니까 할 수 있는 찬란한 경험이었다. 하지만 20세기 사람들은 볼륨 바깥에서 일어나는 즐거운 일, 기분 좋은 일을 모두 버리고 볼륨 안에 틀어박혀 그것이 행복이라고 믿었다.

20세기는 볼륨 확대를 지상 목적으로 하는 시대였다. 세계 전쟁과 그 후 폭발적으로 늘어난 인구수로 주택이 대량 필요했고 도시 중심부에는 사무 공간 또한 대량 필요했다. 커다란 공간을 빠르게 건설하는 일이 시대가 요청하는 바였다. 그렇게 어수선하고 거친 시대였다. 기업은 큰 사무실을 자랑으로 여기고 큰 집을 소유하는 삶이 행복이라 정의했다. 조잡하기 그지없는 그런 시대에는 볼륨을 만드는 데 손쉽고 작업하기 빠른 콘크리트가 안성맞춤이었다.

나아가 건축이 소유 가능한 매매 대상, 즉 상품이 되면서 볼륨 시대를 재촉했다. 봄가을에 끼는 안개처럼 주변과 경계가 모호해 어디서 어디까지가 매매 대상인지 알기 힘들면 가격을 산정하기 어렵고 사고팔기 곤란하다. 그러므로 주변과 확실히 단절되고 닫힌 볼륨이 상품에 필요한 요건이었다. 콘크리트는 모호함이 없으니 건축을 상품화하고 소유를 확정 짓는 데 최적인 소재였다. 그리하여 20세기는 콘크리트 시대가 된 것이다.

일본 건축의 선과 미스 반데어로에의 선

콘크리트가 3차원 볼륨을 만드는 데 적합한 반면 일본 목조 건축은 선線의 건축이다. 다시 말해 1차원 건축이라는 뜻이다. 숲에서 벌채한 3-4m 길이 목재를 짜 올리고 그 사이를 토벽이나 장지문이나 미닫이문으로 가볍게 메워 투명하고 유연한 공간을 만들었다. 선과 선 사이 틈을 메우는 일이 만만치 않아 콘크리트보다 품이 몇 배나 많이 든다. 일본 목조 건축은 완전히 닫혀 있다고 말하기 힘들다. 선이 드문드문 공중을 떠돌고 있을 뿐이다. 그렇게 하면 통풍이 잘 돼 한결 쾌적하다. 일본인은 콘크리트 볼륨 안에 갇히는 것을 좋아하지 않았다. 사실 나 역시 콘크리트 상자 안에 들어가면 숨이 막힌다. 내 신체가 콘크리트를 받아들이지 않는다.

한편 20세기 건축의 선구자이자 콘크리트 건축의 대가인 르 코르뷔지에Le Corbusier, 1887-1965는 일본을 방문해 가쓰라 이궁桂離宮을 보고서 "선이 너무 많다."고 중얼거리며 혐오감을 드러냈다고 한다. 콘크리트의 대가답게 볼륨주의자였던 그에게 선과 면이 아름답게 균형 잡은 가쓰라 이궁도 번잡하기만 한 건축으로 비쳤다.

코르뷔지에와 쌍벽을 이룬 20세기 건축의 거장 미스

① 미스 반데어로에, 프리드리히 거리의 마천루 계획안, 1921년

반데어로에Mies van der Rohe, 1886-1969는 코르뷔지에와 대조적으로 선의 건축가였다. 금속 새시의 가느다란 선과 유리 면을 조합한 초고층 건축의 원형을 만든 사람이 반데어로에다. ① 요소가 반복되는 단순한 형태의 초고층 건축을 지을 때 철골이나 새시라는 가느다란 선과 유리나 널판이라는 면을 공장에서 미리 준비하고 그것들을 현장에서 조립하는 편이 콘크리트를 쏟아부어 만드는 일보다 훨씬 간단하다. 심지어 더 빠르게 만들 수도 있다. 반데어로에는 일찌감치 그 사실을 깨닫고 선과 면의 아름다운 구성composition을 터득해 또 다른 20세기 건축의 거장이 되었다. 지금도 선과 면을 조합한 초고층 건축을 세우며 계속해서 반데어로에의 발명품을 모방하고 있다.

　　반데어로에가 만든 공간도 내게는 그다지 편하지 않게 느껴진다. 선을 주역으로 삼았음에도 공간을 효율적으로 닫는 일에만 우선하다 보니 일본 전통 건축에 존재했던 점·선·면이 자유롭게 부유하는 즐거움이나 개방감이 전혀 느껴지지 않는다. 반데어로에 역시 닫는 것을 지상 명령으로 삼는 20세기 사람이었다.

나는 공기 조절이 잘 된 유리 마천루에 있으면 감옥에 있는 것 같다. 유리로 만든다고 투명감이 생기는 건 아니다. 20세기 후반 모더니즘 건축 이론에 영향을 미친 건축사가 콜린 로Colin Rowe, 1920-1999는 '실實, literal, 즉물적의 투명성'과 '허虛, phenomenal, 현상적의 투명성'을 구별해 20세기 유리 지상주의에 경종을 울렸다. 유리를 사용하면 자동으로 투명해진다는 식의 단순하고 소박한 투명성 추구는 '실의 투명성'이다. 반면 유리를 사용하지 않아도 층상層狀의 공간 구성을 배후에 두어 이를 암시하는 방법을 '허의 투명성'이라고 하며 높이 평가했다.

콜린 로는 '허의 투명성'의 예를 찾아 유리가 대량으로 사용되기 훨씬 전으로 돌아갔다. 그는 이탈리아 마니에리즘Mannerism 시기의 건축가 안드레아 팔라디오Andrea Palladio, 1508-1580의 건축을 논하며 그 깊이를 시사하는 세련된 공간 구성을 찬미했다.②

'허의 투명성'에서 말하자면 유리를 전혀 사용하지 않은 메이지明治 시대 이전의 전통 목조 건축만 한 게 없다. 열두 겹을 걸치는 헤이안平安 시대의 고전 의상 주니히토에十二單처럼 여러 겹으로 겹친 층상의 공간 구성에 장지문, 미닫이문 등의 움직일 수 있는 창호를 더해 살린 투명

② 안드레아 팔라디오, 라 말콘텐타La Malcontenta, 1560년

같은 팔라디오도 해내지 못한 것이다.

그런데도 콜린 로는 일본을 언급하지 않았다. 콘크리트와 철과 유리의 시대를 살았던 탓에 그 제약 바깥에 있는 일본 전통 건축은 눈에 들어오지 않았을 테다. 콜린 로만큼이나 뛰어난 역사가도 20세기 소재 안에서만 건축을 생각하려고 했다.

구성의 칸딘스키에서 질감의 깁슨으로

그렇다면 어떻게 해야 볼륨 시대에서 자유로워질까? 과연 볼륨의 속박에서 벗어나 물질과 공간이 이룬 자유로운 흐름 속에 다시 몸을 맡길 수 있을까? 그 단서를 손에 넣기 위해 점·선·면의 가능성에 파고들어 볼륨을 분해할 방법을 고민했다.

점·선·면과 마주하기 전 나 자신에게도 깊은 추억이 있는 바실리 칸딘스키Wassily Kandinsky, 1866-1944의 『점·선·면－추상 예술의 기초』를 다시 읽었다. 20세기 초 가장 혁신적인 종합 디자인 교육 기관이었던 바우하우스는 1922년 칸딘스키를 초빙하면서 지도적 역할을 기대했다. 예술, 건축, 디자인이라는 종적 교육을 당연하게 여기는 오늘날의 시각으로 보면 바우하우스의 교육 방법은 놀랄 만큼 횡단적이었다. 그중에서도 칸딘스키는 모든 영역을 꿰뚫으려는 패기로 가득 차 있었다. 『점·선·면』은 그가 바우하우스에서 했던 강의를 정리한 책이다.

고등학교 시절 직감적으로 그 제목에 끌려 책을 손에 들었다. 당시 나는 회화에 흥미를 느끼고 있었는데 그에 관한 과학적 논의가 적고 글양이 적은 데다, 기존의 주관적이고 감상적인 회화론에 불만을 느끼던 터라 점·선·면이라는 건조한 수학적 타이폴로지typology에 빠져들었다.

그러나 읽고 나서 느낌이 꼭 좋지만은 않았다. 굉장히 흥미로운 부분과 지루한 부분이 혼재해 당황했던 기억이 있다. 다시 읽어보고 나서야 무엇이 재미있고 무엇이 재미없는지 분명해졌다. 칸딘스키의 구성주의적 사고가 지겨웠던 것이다. 다시 말해 점·선·면 세 요소를 이용한 구성 분석이 지루했다. 구성 기법을 열거하고 분류하고, 각각이 어떤 심리 효과를 주는지에 대한 분석이 장황하게 이어져 질색했다. 점과 선을 이렇게 구성하면 차가운 인상을 주고 반대로 저렇게 조합하면 따뜻한 인상을 준다는 식의 구성과 심리 효과의 상관관계를 세세하게 분석했지만 어쩐지 모두 좋게 여겨졌다. 오른쪽에 두든 왼쪽에 두든, 커다란 물건을 두든 작은 물건을 두든, 구성이 어떻든 간에 심리적 차이는 거의 없어 보였다. 심리는 전혀 다른 영향으로 움직인다고 생각했다.

20세기 초 형태와 심리의 관계를 과학적으로 분석하는 흐름이 주를 이루면서 현상학이 생겨났다. 칸딘스키가 『점·선·면』에서 전개한 구성주의적 분석도 그 흐름 속에 있었다. 그런 유의 현상학은 과학적 탐구를 목표로 하면서도 구체적 방법을 찾아내지 못한 채 시들해졌다. 그리고 제임스 깁슨James Jerome Gibson, 1904-1979의 어포던스affordance, 행동유도성 이론이 등장하면서 의사疑似 심리학적 논의는 모두 퇴색한 것으로 느껴지게 되었다. 깁슨의 『시각 세계의 지각』『생태학적 지각─감성을 다시 파악한다』는 현상학에 마지막 선고를 내렸다. 이 책에서 깁슨은 구성을 거부하는 대신 질감을 언급했다. 생물의 심리와 행동은 환경의 구성이 아닌 환경의 질감으로 결정된다는 사실을 실증적으로 밝혀낸 것이다. 환경을 점·선·면이 이루는 구성으로 파악하지 않고 점·선·면이 만드는 질감으로 파악함으로써 세계와 생물, 환경과 심리의 관계에 깊게 그리고 과학적으로 헤치고 들어갈 수 있었다.

깁슨과 입자

깁슨이 세계를 3차원의 볼륨에서 해방시켰다고 해도 좋다. 그는 세계가 연속하는 볼륨이 아니라 무수한 점이나 선의 조합이 만드는 질감의 집합체라고 다시 정의했다.

그런 접근이 가능했던 이유는 심리학자로서 심리학의 모호성에 한계를 느낀 나머지 생물의 신체를 기초로 환경을 인식하는 모습을 파악하고자 했기 때문이다. 그는 생물의 망막 구조에까지 파고들어 질감이라는 모호한 대상을 과학적으로 접근했다.

또 다른 결정적 계기는 제2차 세계대전 당시 미군에 입대해 조종사 심리 기술 훈련에 관여한 일이다. 3차원 공간을 고속으로 이동하는 조종사의 신체가 어떻게 공간과 거리를 인지하는지 연구함으로써 신체와 공간을 잇는 과학 방정식을 찾아냈다. 조종사가 환경의 질감을 이용해 거리나 속도를 측정한다는 사실을 발견한 것이다.

깁슨은 우선 인간이 어떻게 공간의 깊이와 대상과의 거리를 측정하는가에 주목했다. 통상 인간은 좌우 눈의 시차視差로 생기는 입체시立體視를 이용해 대상과의 거리를 측정한다고 이해했다. 하지만 고속으로 이동하는 조종사는 입체시를 사용할 수 없다. 인간은 공간에 존재하는 점과 선을 이용해 공간의 깊이를 측정하고 자신이 이동하는 속도를 가늠해 대상과의 거리를 측정한다.

그러므로 공간에 점이나 선 같은 입자가 존재하지 않으면 인간은 불안해진다. 인간만이 아니라 모든 생물이 입자가 없는 세계에서 살 수가 없다. 자기 주위에 입자가 없으면 자신과 세계를 연결할 수 없기 때문이다. 고로 생물에는 입자가 필요하다.

깁슨을 통해 환경이란 점·선·면의 구성이 아니라 점·선·면이 만들어내는 질감이라고 생각하게 되었다. 질감을 배움으로써 점·선·면이 종래의 구성주의적 접근과는 전혀 다른 모습으로 내 앞에 모습을 드러냈다.

정반대로 20세기 초 모더니즘 건축은 입자의 가치를 인정하지 않고 새하얗고 추상적인 공간을 지향했다. 그런 공간에서 생물은 살아갈 수 없다. 실제로 모더니즘 건축이 추구한 공간에는 가구, 조명 기구, 자질구레한 도구 등 다양한 입자가 흩뿌려져 있었다. 그런 장치가 있었기에 인간이 모더니즘 건축 안에서도 살아남을 수 있었다.

주지주의 대 다다이즘

깁슨을 만남으로써 내가 구성주의 예술에 품고 있던 위화감의 이유가 밝혀졌다. 20세기 초 예술사에는 두 번의 혁명이 있었다. 하나는 형태의 혁명 큐비즘Cubism이고 다른 하나는 색채의 혁명 포비즘Fauvism이었다. 두 번의 혁명으로 전통 예술 형식이 모두 부정당하고 예술가는 완전한 자유를 획득했을 터였다. 하지만 큐비즘 혁명을 주도한 파블로 피카소Pablo Picasso, 1881-1973와 조르주 브라크Georges Braque, 1882-1963는 구상에 머무른 채 추상으로 나아가지 않았다. 구체적 대상을 그린다는 제약을 벗어나자마자 어떤 혼란과 불모가 찾아오는지 피카소도 브라크도 잘 알고 있었다.

　　모든 혁명 직후에는 구성이라는 이름의 오만이 등장한다. 예술 혁명에서나 정치 혁명에서나 혁명의 승자인 새로운 엘리트는 구성이라는 이름의 주지주의적主知主義的 오만에 빠진다. 새로운 엘리트는 상위 레벨에 선 특권 주체가 이끄는 '구성=계획'으로 세계를 지배하려고 한다. 정치, 경제에서 주지주의는 계획이라 불린다. 당시 소련은 계획 경제의 실험장이었다. 그야말로 계획의 혼란과 불모로 가득한 실험장이었다.

한편 구성이나 계획이라 불리는 '위로부터의' 방법에 한계를 깨달은 피카소와 브라크는 구상에 머물렀다. 구성주의가 탄생한 시기에 예술계에서는 다다이즘Dadaism 운동이 일어났다. 그때까지 다다는 허무적인 예술 운동으로 간주했는데 이는 제1차 세계대전의 후유증으로 생긴 허무주의에서 비롯된, 기성 상식을 향한 비판적, 파괴적 운동이라는 인식 탓이었다.

그러나 그 본질은 반주지주의이고 반구성주의였다. 다다이즘은 특권 주체가 전체를 부감하며 주지주의적으로 하위층을 구성하고 계획하는 행위를 비판하고, 우연성을 중시했다. 우연성의 존중이란 조금도 파괴적이지 않고 자유롭게 계속해서 흐르는 시간에 대한 경의였다. 니힐리즘Nihilism이라기보다 오히려 지상 시점에서 눈앞의 물질과 시간에 성실하게 대응하는 방식이었다. 따라서 다다이즘은 일용품이나 장인의 기능craftsmanship에 애착을 보이고, 정통 예술에 비해 하위로 보이기 쉬운 댄스나 영상 등의 응용 예술에 관심을 보였다. 내가 칸딘스키의 『점·선·면』에서 절반을 차지하는 구성주의에 위화감을 느끼고 동시대의 다다이즘에 공감하는 이유가 다다이즘 관점의 지상성과 즉물성에 찬성하기 때문이다.

칸딘스키를 다시 읽으니 구성주의, 주지주의를 넘어서는 신선한 지적도 다수 보였다. 예를 들어 점·선·면 분류 자체가 상대적이지 결코 절대적인 구분이 아니라는 지적이다. 점이라고 생각한 대상이 어느 날 갑자기 선이나 면으로 출현하고 면이어야 할 대상이 다른 순간에는 점으로 출현할 수 있다는 말이다.

칸딘스키는 건축, 회화, 음악이라는 분류도 유동적이라고 지적한다. 그것들은 서로 끼워 넣어진 관계이고 예술에는 장르가 존재하지 않는다고 선언한 셈이다. 그가 『점·선·면』에서 절반 가량 종적 관계인 기존 세계를 자유롭게 횡단하는 사이 그의 이론은 하늘을 달리는 말처럼 영역을 파괴한다.

영역 파괴의 성지로 알려진 바우하우스는 다다이즘과도 깊은 관련이 있었다. 바우하우스에 지도적 영향을 준 건축가 테오 판 두스부르흐Theo van Doesburg, 1883-1931는 다다이즘에 깊이 관여해 "나는 새로운 정신이라는 독을 흩뿌린다."라며 기능주의의 본산 바우하우스에 어울리지 않는 위악적 포즈를 취했다. 1919년 바우하우스가 탄생한 독일 바이마르는 스위스 취리히에서 시작된 다다이즘의 본거지이기도 하다. 다다이스트들은 그곳에서 술과 무조 음악에 빠져 하루하루를 보냈다. 다다이즘의 존재가 가까이에 있던 덕분에 바우하우스는 영역을 파괴할 자유를 얻었다고도 할 수 있다.

운동으로서의 시간에서 물질로서의 시간으로

칸딘스키는, 회화가 공간 예술이고 음악이 시간 예술이라는 믿음은 전적으로 통속적인 착각이며, 어느 것에나 점음표·선·면이라는 어휘를 적용해 거기서 얻는 경험을 똑같이 과학적으로 분석할 수 있다고 주장했다. ③

음악과 건축의 유사성을 지적한 사람은 칸딘스키가 처음은 아니다. 가장 이른 예로 독일 관념론을 대표하는 철학자 프리드리히 셸링Friedrich Schelling, 1775-1854은 "건축은 공간에서의 음악"이라 했고, 요한 볼프강 폰 괴테 Johann Wolfgang von Goethe, 1749-1832는 "건축은 무언의 사운드 아트sound art라고 부르면 된다."라며 사운드 아트라는 의미심장한 말을 남겼다.

미국의 예술사학자 어니스트 페놀로사Ernest Francisco Fenollosa, 1853-1908는 나라현奈良県에 있는 야쿠시지薬師寺 동탑을 보고 "얼어붙은 음악"이라고 평했다. 페놀로사는 일본 미술을 처음으로 평가한 서양인으로 알려져 있지만, 스페인에서 태어나 미국으로 건너간 그의 아버지가 프리게이트함의 선상 피아니스트였기에 자연스레 음악과 가까운 장소에 있었다. 하지만 선인의 아름다운 말은 건축과 음악의 유사성을 지적하는 듯하면서도 사실 음악은 시

③ 바실리 칸딘스키, 〈구성 Ⅷ〉, 1923년

간과 함께 흐르다 사라지는 것이고 그에 반해 건축은 얼어붙은 것, 흐르거나 사라지지 않도록 고정된 것이라며 내게는 양자의 대조를 강조한 말로 들린다.

한편 칸딘스키는 건축이 조금도 고정되어 있지 않고 유동적, 현상적 존재이며 음악과 건축 사이에 기본적 차이가 없다고 생각했다. 그가 영역을 파괴하게 된 건 예술의 모든 영역을 횡단하는 점·선·면이란 공통 개념을 발견하면서부터다. 점·선·면은 그렇게 다양한 영역의 벽을 허무는 데 도움이 되는 도구다.

칸딘스키의 영역 파괴적 분석은 다시 판화에서의 수정이라는 문제로 발전한다. 수정이란 과거에 만든 결과물을 고치는 행위다. 다시 말해 시간 축 위에 덧칠하는 가산加算 행위다. 칸딘스키는 수정에 초점을 맞춰 판화라는 평면 예술에 시간 요소를 삽입하는 데 성공했다. 시간을 네번째 차원이라고 한다. 칸딘스키는 2차원 예술인 판화에 4차원의 시간 축을 겹쳤다. 평면 예술에서 조역에 불과한 판화가 갑자기 시간이 흐르는 커다란 세계, 우주로 해방되니 독자는 경악한다.

구체적으로 말해 칸딘스키는 시간 축을 삽입함으로써 동판, 목판, 석판의 본질적 차이를 분명히 했다. 동판화는 기본적으로 수정이 불가능하고 목판화는 제약 속에서 어느 정도 수정이 가능하다. 석판화는 돌에 상처를 내지 않고 그 위에 바르는 물과 기름의 반발을 이용하므로 얼마든지 자유롭게 수정할 수 있다. 칸딘스키는 이렇게 물질금속, 나무, 돌, 물, 기름과 시간의 관계성을 기술했다. 그는 실제 작자이기 때문에 물질과 시간을 봉합할 수 있었다.

수많은 미술 평론가는 완성된 '죽은' 작품을 보고 그 안의 구성이나 그려진 대상 또는 시간을 논한다. 예컨대 이 그림에는 가을 석양이 그려져 있다는 식으로. 하지만 실제 작자에게 시간이란 그림에 그려진 대상이 아니다. 작품을 창조하는 행위 자체가 시간에 개입하는 일이다.

바꿔 말하면 실제 작자는 창작이라는 삶의 과정 속에서 살아간다. 칸딘스키는 실제 작자이기 때문에 판화라는 작은 2차원 예술에서 작자가 시간에 다양하게 개입하는 모습을 기술할 수 있었다. 작자에게 판화는 죽은 작품이 아니라 자신과 함께 시간 안을 계속 사는 것이다.

제작 과정에 눈을 돌린 순간 의외의 시간이 소환되었다. 판화를 제작하는 현장에 눈을 돌리자 아주 지극히 지상의 요소인 물질이 우주와도 같은 무형의 시간과 결합한 것이다. 동판, 목판, 석판이라는 세 가지 매체는 금속, 나무, 돌이라는 물질과 깊이 관련된다. 각각의 물질은 각각 특별한 절차를 거쳐 시간과 관련되어감이 밝혀진다.

시간 안에 물질이 있고 물질 안에 시간이 있다는 결론에 이른다. 나는 시간 안의 물질, 물질 안의 시간이라는 아이디어가 지금까지 존재하지 않던 건축 디자인에 획기적인 관점을 제시하는 느낌을 받았다. 시간 개념이 지금까지와 전혀 다른 형태로 건축 세계에 등장하는 예감이 들었다

덧셈의 디자인으로서의 컴퓨테이셔널 디자인

칸딘스키가 관화에서 발견한 중층적 시간 개념은 포스트 공업화 사회의 새로운 디자인 기법, 즉 컴퓨터로 그리는 파라메트릭parametric 디자인의 본질을 생각할 때 많은 시사점을 던져주었다.

1990년 이후 컴퓨터가 어떻게 건축 디자인을 바꾸고 인간과 건축의 관계를 변화시켰는지 등의 논의가 건축계를 떠들썩하게 하며 건축 이론의 중심이 되었다. 새로운 기술이 새로운 디자인을 낳음으로써 건축의 역사가 날로 새로워졌다. 고대부터 현대에 이르기까지 새로운 기술이 새로운 건축을 열어왔던 것이다.

20세기 모더니즘 건축은 철골과 콘크리트가 긴 경간 구조long span structure를 이룬 신기술의 산물이었다. 그렇다면 컴퓨터 테크놀로지는 어떤 건축 디자인을 낳을까? 컴퓨테이셔널computational 디자인을 르네상스 이후의 다양한 디자인 기법과 비교해 대담하게 정리한 건축역사학자 마리오 카르포Mario Carpo, 1958- 는 컴퓨테이셔널 디자인이 등장하면서 건축 디자인이 뺄셈의 디자인에서 덧셈의 디자인으로 극적 전환했다는 사실을 간파했다. 『알파벳과 알고리즘, 표기법에 의한 건축─르네상스에서 디지털 혁명으로』에서 컴퓨테이셔널 디자인은 단지 도면 그리는 방법을 바꿨을 뿐만 아니라 도면과 시공·제작fabrication의 통합을 재촉했다고 설명한다. 예전에는 도면 제작과 시공이 별개였지만 컴퓨터를 사용함으로써 두 작업이 연속된―계속 그리고 계속 만들어 하나의 이음매 없는 seamless―흐름으로 전환했다는 사실을 꿰뚫어본 것이다. 건축이란 이제 완결된 작품이 아니라 변경하고 수정하는 작업이 반복되는 시스템으로 바뀌었는데, 카르포는 이를 덧셈의 디자인이라 명명했다.

칸딘스키가 석판화는 영원히 수정하고 더하는 작업이 가능하다고 했듯 카르포는 컴퓨터로 영원한 덧셈이 가능해졌다고 보았다. 이를테면 컴퓨터의 등장으로 건축이 수정할 수 없는 동판화에서 무한히 수정하는 석판화―돌과 물과 기름의 대화 산물―로 전환된 경우가 그렇다.

카르포는 르네상스 이전의 건축도 마찬가지로 덧셈의 디자인이었다고 정리한다. 시공자, 공사 감독, 장인이 함께 건축이라는 느슨한 전체를 계속 만들며 고쳤다는 뜻이다. 그 느슨한 세계에 초기 르네상스 건축가 겸 건축이론가인 레온 바티스타 알베르티Leon Battista Alberti, 1404-1472가 등장해 건축 방식을 근본적으로 바꿔버렸다. 뺄셈이라는 새로운 방법을 이용해 준공 후 변경과 수정을 허락하지 않는 '작자=예술가'라는 절대자를 탄생시킨 것이다.

그 전환점을 지나며 본래 건축이 지닌 자유가 상실되고 절대자가 된 건축가의 도면을 실현할 뿐인 융통성 없는 경직된 시스템이 되고 말았다고 카르포는 지적한다. 또한 알베르티 이후에 길게 이어진 자유롭지 못한 역사는 컴퓨터가 도입되면서 비로소 흐름이 끊겼다고 주장한다. 알베르티 이전에는 그리는 사람과 만드는 사람이 분리되지도 대립하지도 않았으며 완만하게 연속해서 건축이 계속 지어지고 변경되었다. 카르포는 컴퓨터 시공·제작 방식의 영향으로 사람과 다양한 사물 간의 밀접한 대화, 일체감이 부활할 거라고 예언했다.

더욱이 카르포는 컴퓨터를 도입한 목적이 당초 덧셈을 위한 게 아니었다고 돌아본다. 1990년대 초 건축 디자인에 컴퓨터를 활용하면서 파라메트릭 디자인이라는 용어가 사용되기 시작했다. 컴퓨터는 그저 흐물흐물한 새로운 형태를 창조하는 기계였다. 1990년대 이전에는 복잡한 형태를 그리는 일에 품이 많이 들었다. 컴퓨터는 그 '꿈의 형태'를 실현하는 데 편리한 드로잉 기계로 도입된 것이다.

그런 의미에서 그는 진기한 형태가 특징인 1990년대 전반의 컴퓨테이셔널 디자인이④ 1930년대 미국에서 유행한 유선형 디자인의⑤ 부활이었다고 엄격히 평가한다.

1995년 이후 IT 영역에서 네트워크에 관심이 높아짐과 동시에 제2단계에 돌입한 컴퓨테이셔널 디자인은 신기한 형태보다 제작 과정에 관심을 두었다. 그리기와 만들기의 경계가 사라지고 준공 후에도 계속 변화하는 건축으로 관심이 옮겨간 것이다. 카르포는 그 시대를 디지털 디자인의 제2기로 부른다.

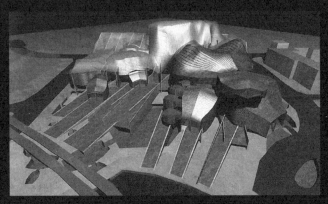

④ 그렉 린, 카디프베이 오페라하우스Cardiff Bay Opera House 계획안, 1994년

⑤ 1938년에 출시된 팬텀 커세어Phantom Corsair

카르포의 제2단계설 배경에는 건축역사학자 레이너 밴험Rayner Banham, 1922-1988이 쓴 『제1기계 시대의 이론과 디자인』이라는 명저가 있다. 밴험은 19세기부터 20세기까지 인간과 기계의 관계를 총괄하며 기차와 자동차 등 제1세대 기계와 라디오, 텔레비전, 가전 등 제2세대 기계 사이에 질적 차이가 있고, 그 차이가 당시의 건축 디자인에도 큰 영향을 주었다고 정리했다. 거기서 힌트를 얻은 카르포는 컴퓨터가 등장한 기계 시대에도 두 가지 모습이 있다는 사실을 찾아냈다.

컴퓨테이셔널 디자인 제2기, 그러니까 덧셈의 시대가 요구하는 대로 영원한 수정이 가능해지기 위해서는 한 번 만들면 단단하게 굳어 수정이 불가능한 콘크리트는 전혀 적합하지 않았다. 그렇게 콘크리트는 건축 디자인에서 중심 자리를 잃었다. 대신 작은 조각이 모여 완성되는 입자 구조 건축을 추구하기 시작했다. 카르포는 그 새로운 물결의 중심 인물 중 한 사람이 나라며 격려해주었다.

컴퓨테이셔널 디자인의 본질은 형태의 혁명이 아니라 시간의 혁명이었다는 카르포의 지적이 아주 흥미롭다. 형태가 모든 것에 우선한다는 사고 자체가 알베르티답고 근대의 산물답다. 알베르티는 르네상스 최초 건축이론서라 불리는 『건축론De re aedificatoria』1485을 저술했고 이 글은 훗날 건축계에 큰 영향을 주었다. 르네 데카르트René Descartes, 1596-1650의 『방법서설Discourse on the Method』1637이 철학계에서 한 것과 같은 역할을 한 셈이다. 알베르티는 형태를 시간에서 분리했다. 이는 시간과 밀접하게 결부된 시공공사과 시간을 무시해도 성립하는 설계계획의 단절이고, 시공의 경시이자 설계자건축가의 절대화였다. 형태의 세계에서만 통용되는 순수한 이론을 논한『건축론』은 그 순수성으로 텍스트로서의 보편성을 얻고 건축가는 건축계에서 절대자급 지위를 획득했다.

지금도 형태 디자인론에서 시간 디자인론으로 전환되고 있다. 우리는 시간 흐름 속에서 건축가를 상대화하고 물질도 인간도 모두 시간 안을 떠도는 입자라는 세계관으로 회귀하고 있다. 그런 의미에서 이 책은 볼륨을 해체하는 방법을 탐구함과 동시에 건축가라는 존재를 해체하는 방법을 제안한다. 시간을 축으로 알베르티 이전의 회귀를 지향하는 카르포의 디자인 이론은 이미 칸딘스키의 판화론에 선취選取되었다고도 할 수 있다.

브루노 라투르와 사진총

우리의 설계 방법이 가산적이라는 이야기는 프랑스 인류학자이자 철학자인 브루노 라투르Bruno Latour, 1947- 와도 나눈 적 있다.

라투르는 행위자연결망 이론Actor-Network Theory, ANT 이라는 새로운 세계관을 제시한 사람으로 잘 알려져 있다. 라투르의 윗세대인 미셸 푸코Michel Foucault, 1926-1984, 자크 데리다Jacques Derrida, 1930-2004, 질 들뢰즈Gilles Deleuze, 1925-1995로 대표되는 탈구축 철학자들은 특권 주체subject 를 해체하고자 했다. 라투르는 여전히 "인간중심주의를 표방하는 서양 철학에서 빠져나올 수 없었다."라며 탈구축 철학을 비판적으로 평가한다. 주체의 특권적인 성격, 독선적인 성격을 아무리 비판해도 푸코를 비롯한 철학자들은 인간 개념에서밖에 보지 않았다는 뜻이다.

라투르는 인간이 다양한 사물과 함께 살고 사물과 협력해 세계를 움직인다고 주장했다. 그는 사물을 행위자actor라고 부른다. 인간과 사물 사이에 위아래는 없고 모든 것이 세계를 움직이는 행위자라는 게 행위자연결망 이론의 요점이다. 예를 들어 우리가 도구를 이용해 재료를 가공하려고 할 때 우리와 사물은 상하 관계에 있지 않다.

마레가 사진총으로 포착한 비상하는 펠리컨, 1882년경

라투르는 우리가 사물을 이용할 뿐만 아니라 사물로부터 배우고 사물로부터 지시를 받기도 한다는 사실을 지적한다. 예컨대 톱으로 나무를 자를 때 나무에서 견고함과 점성을 배우며 톱을 움직인다. 인간은 톱까지 포함한 네트워크의 일원에 지나지 않는다.

라투르의 제자 소피 우다르Sophie Houdart, 1971- 가 어느 날 사무실로 찾아와 내가 설계하는 과정을 연구하고 싶다고 요청했다. 이를 계기로 라투르와 교류하게 되었다. 라투르는 이전에 건축가 렘 콜하스Rem Koolhaas, 1944- 의 설계 방법을 연구하고 제자 알베나 야네바Albena Yaneva와 함께 「총을 건네주면 모든 건물을 움직이겠다: 행위자연결망 이론의 관점에서 본 건축」을 저술했다. 여기서 행위자연결망 이론의 'ANT'는 개미ant와 동음이의어다. 거시적, 부감적 시점이 아니라 미시적, 지상적 개미의 눈으로 건축이 완성되어가는 과정을 바라본다는 취지다.

탈구축 시대 철학자들은 건축이 크고 고정되어버린 지루한 존재라고 비판했다. 특권 주체가 디자인한 거대하고 움직일 수 없는 건축이라는 볼륨이 탈구축 철학의 표적이 되었다. 하지만 라투르 등은 개미의 시점에서 건축을 바라보면 건축이 조금도 고정되어 있지 않다는 걸 발견했다. 그들은 개미의 눈을 프랑스 생리학자 에티엔쥘 마레Etienne-Jules Marey, 1830~1904가 발명한 사진총에 비유했다. ⑥ 사진총을 사용하면 움직이고 있다고 느낀 대상이 멈춘 것처럼 보인다. 반대로 개미의 눈은 멈춰 있다고 여긴 건축을 별안간 계속 움직이고 변하는 것으로 재발견하는 도구라는 것이다. 그래서 그들의 논문 제목이 사진총과 반대 기능을 가진 새로운 총을 달라Give me a gun는 뜻이다.

우다르는 실제로 1년에 걸쳐 우리 사무실을 다니며 개미처럼 꾸준히 설계 과정을 관찰해 『작은 리듬―인류학자에 의한 구마 겐고론』이라는 책으로 정리했다. 내 사무실에서 모형, 재료 견본, 캐드CAD, 컴퓨터 지원 설계, 커터cutter를 포함한 사물과 스태프, 외부 엔지니어, 협력 사무소, 시공사 직원이 긴밀한 네트워크를 만들며 건축이 설계되고 시공되고, 준공 후에도 계속해서 변해가는 모습을 개미의 눈으로 쓴 르포르타주reportage다.

우다르는 우리가 만드는 건축이 조금도 고정되지 않았다며 다양한 무언가가 계속 가산되는 장이고 작은 입자가 끊임없이 흐르는 장이란 사실을 발견해주었다. 라투르와 우다르의 개미 눈이 시간과 건축의 관계, 사람과 사물과 건축의 관계에 새로운 시야를 열어주었다.

건축과 시간

기존 건축론에서도 시간과 공간의 접속이란 주제는 되풀이해 논의됐다. 대표적인 것이 칸딘스키와 같은 시기에 20세기 모더니즘의 탄생을 함께한 스위스 건축역사학자 지크프리트 기디온Sigfried Giedion, 1888-1968의 『공간·시간·건축』이다. 기디온의 저작은 모더니즘 건축의 성서라고 할 정도로 당시 아주 높은 평가를 받았다. 20세기 초 문화와 예술 영역에서 시간과 공간을 통합하는 방식이 유행이었기에 기디온은 과대평가되었다고도 할 수 있다.

계기는 알베르트 아인슈타인Albert Einstein, 1879-1955이었다. 물리학에서 아인슈타인이 시간과 공간을 통합한 이론을 완성하면서 그 영향으로 회화에서는 다른 시간을 하나의 평면 안에 통합하려는 큐비즘과 초현실주의가 탄생했다. 건축계에서는 코르뷔지에가 빌라 사보아Villa Savoye의 중심부에 입체적 순환 공간을 삽입해 '건축적 산책'이라 부르고 ⑦⑧ 그것이야말로 시간과 공간이 통합된 모델이라고 설명했다. 기디온은 그것을 더욱 과장해 모더니즘 건축이 시간과 공간을 접합했다고 세계에 선전했다.

코르뷔지에는 일부러 빌라 사보아에 아인슈타인을 초대해 직접 안내했다. 당시 아인슈타인이 과학계만이 아

⑦ 르 코르뷔지에, 빌라 사보아, 1931년

⑧ 빌라 사보아 중심을 관통하는 슬로프

니라 예술계에서도 얼마나 큰 영향력을 가졌는지 알 수 있는 흐뭇한 일화다. 아인슈타인, 코르뷔지에와 마찬가지로 스위스 사람이었던 기디온은 모더니즘 건축의 배경에 아인슈타인 물리학이 존재하는 양 교묘하게 글을 썼다. 그의 논리는 유치했다. 빌라 사보아처럼 슬로프나 계단 같은 이동 장치를 뻥 뚫린 공간의 주역으로 강조하면 시간과 공간이 접합된다는 논리다. 어디에선가 들은 적 있는 논의다. 기디온은 운동하는 사람이나 사물을 한 화면에 겹쳐 그리면 시간과 공간을 접합한 것이 된다는 큐비즘 회화의 논의를 건축에 응용했을 뿐이다.

이런 식의 논의가 20세기 초에 인기 있었다는 건 뒤집어 말해 당시 사람들이 얼마나 운동이라는 행위에 열광했는지를 말해준다. 자동차와 비행기가 등장해 경험한 적 없는 속도로 운동하는 것에 대중도 예술가도 압도되어 있었다. 시간이란 사물의 운동을 말하고 그 외 시간이 존재하는 방식, 시간이 나타나는 방식을 생각할 여유가 전혀 없었다. 이런 20세기 초 '운동=시간'론과 비교해 칸딘스키 판화론은 가히 독창적이었다. 그 영향은 자동차와 비행기로 촉발된 천박한 유행을 넘어 오늘에까지 미친다.

운동에서 시간을 해방하다

한마디로 칸딘스키는 시간을 운동에서 해방했다. 제작 현장에서 물질과 시간과 작자의 대화에 귀를 기울인 결과, 시간의 모습이 생각지도 못한 형태로 그 앞에 나타났다.

　나도 칸딘스키처럼 할 수 있으면 좋겠다고 생각했다. 다양한 물질과 대화하고, 물질이 어떻게 시간 안을 흐르고 시간이 물질에 어떻게 영향을 미치는지 계속 주시하는 나의 일상에서 새로운 시간론을 뽑아낼 수는 없는 걸까?

　나에게 시간이란 단순히 운동이 아니라 모든 물질에 내장된 존재다. 물질을 통해 우주와 시간은 분리하기 힘들게 연결되어 있다. 나무나 돌처럼 구체적인 물질이 시간의 함수가 되어 공간을 떠돈다. 이게 사소한 발견 같지만 오랫동안 우주만큼 넓은 사정 범위를 가진 커다란 발견이다.

　한편 코르뷔지에에게는 물질과 시간을 연결하려는 발상이 전혀 없었다. 그에게 물질이란 추상적인 하얀 상자를 만들기 위한 배후의 협력자일 수밖에 없었다. 코르뷔지에는 운동을 유발하는 하얀 상자를 생성하면 물체가 운동 법칙에 따라 상자 안을 이동한다고 생각했다. 수많은 동시대인과 마찬가지로 그에게 운동은 시간이었다. 빌라 사보아의 중심을 관통하는 슬로프는 운동을 상징적으로 보여주기 위한 하얀 배경, 텅 빈 하얀 바탕일 수밖에 없었다.

빌라 사보아의 배후에 있는 이 시간 인식은 아인슈타인보다 훨씬 전으로 돌아간 아이작 뉴턴Isaac Newton, 1642-1727의 시간 인식이었다. 뉴턴은 물체가 추상적인 공간에서 운동 법칙에 따라 움직이는 것을 발견하고 세계를 바꾸었다. 하지만 17세기 이야기다. 코르뷔지에도 모더니즘 건축도 그런 뉴턴을 부정한 아인슈타인의 수준에 도달하지 못했다. 더구나 코르뷔지에의 상상력으로는 아인슈타인 이후의 양자역학 세계 같은 것에 도달할 수도 없었다.

그러나 코르뷔지에의 명예를 생각해 '초기 코르뷔지에'는 뉴턴 역학에 버금가는 수준이었다고 덧붙이고 싶다. 빌라 사보아는 초기 코르뷔지에의 대표작이다. 한편 라투레트 수도원Le Couvent Sainte Marie de La Tourette, 1959, 롱샹 성당Chapelle Notre-Dame du Haut, 1955 같은 후기 작품에서는 하얗고 텅 빈 공간을 지향하지 않았다. 조잡하고 균일하지 못한 질감을 띠는 후기 코르뷔지에의 콘크리트는 이제 더 이상 배경이 아니다. 말을 걸고 그 자체가 물질임을 자각한 각성된 물질이며 계속 풍화하고 썩어가는 물질, 시간과 함께 살고 과거의 시간과 미래의 시간도 내장한 아주 풍부한 물질이다.

코르뷔지에가 그런 물질관을 갖게 된 시기는 인도를 접하고 나서일 거라고 생각한다. 1951년부터 찬디가르 신도시 건설에 참여한 코르뷔지에는 인도의 적토 위에서 새로운 콘크리트, 새로운 물질을 만났다. 조금도 말을 들어

⑨ 르 코르뷔지에, 찬디가르 국회의사당 Chandigarh Capitol Complex, 1962년

주지 않는 부자유한 콘크리트, 까칠까칠하고 균일하지 못
하고 거친 콘크리트. 그가 몰랐던 콘크리트가 그곳에 있
었다. 인도에서 인도의 물질과 만나 그 역시 물질에 내장
된 시간을 발견했다. ⑨ 인도에서의 코르뷔지에는 내가
찾으려는 건축의 존재 방식, 건축과 시간의 관련 방식에
중요한 단서를 던져주었다.

칸딘스키에 의한 차원의 초월과 삽입

칸딘스키는 코르뷔지에가 인도를 만나기 훨씬 전부터 시간과 물질과 공간의 경계를 없애려 했다. 그뿐만이 아니다. 점·선·면·볼륨을 분류하는 경계도 없애려고 했다. 점·선·면·볼륨에 따라 세계를 고찰하고 동시에 그 네 가지 분류를 무효화하고자 선언한 것이다.

나에게 가장 신선했던 점은 볼륨으로밖에 보이지 않던 중세 유럽의 고딕 건축이 실은 점을 지향하는 '점의 건축'이라는 지적이다. 칸딘스키가 말하기를, 고딕에서는 짧고 간결하게 팽팽히 울리는 음색이 들린다. 그 소리는 공간 형태가 건축을 감싼 대기 속으로 해소되며 울림을 잃어가는 과도적 순간을 표현한다.

마찬가지로 칸딘스키는 중국 특유의 위로 젖힌 지붕도 공중으로 소멸하기 직전의 점이라고 말한다.⑩⑪ 왜 중국 건축은 부자연스러울 정도로 위로 젖힌 형태를 지향하게 되었을까? 나의 오랜 의문에 칸딘스키는 훌륭히 답해 주었다. 중국 지붕은 공중으로 빠져들듯 자꾸 위로 젖힌 것이다. 그런 의미에서 중국 지붕은 코르뷔지에의 필로티처럼 부유하고자 하는 바람을 공유하고 있었다.

칸딘스키의 분석은 차원1·2·3·4차원, 즉 점·선·면·시간의 틀

⑩ 　중국 항저우 링인쓰靈隱寺 산문山門

⑪ 　중국 상하이 롱화타龍華塔, 15세기

을 부정한다. 차원의 틀로 세계를 이해하려는 통속적 사고방식을 완전히 파괴한다.

　　양자역학이 이미 동일한 파괴를 실천하고 있다. 코르뷔지에나 기디온이 아인슈타인과 함께 달렸듯 나 역시 새로운 물리학에 눈을 돌렸다. 그곳에는 세계를 이해하는 데 도움을 줄 자유로운 도구가 차고 넘쳤다. 그 도구를 가지고 뉴턴 역학식으로 세계를 인식하는 모더니즘 건축에 바람구멍을 뚫을 수는 없을까?

　　양자역학의 최대 난제 가운데 하나가 3차원을 훨씬 뛰어넘는 복수 차원의 존재다. 양자역학은 일상의 감각으로는 상상도 못할 복수 차원의 존재를 가정하지 않으면 우주의 다양한 현상을 설명할 수 없다는 걸 가르쳐준다. 예를 들어 10차원을 전제하지 않으면 우주를 설명할 수 없다. 공간을 정의하는 9차원에 시간이라는 1차원을 더한 10차원으로 세계를 정의하지 않으면 우주의 다양한 현상을 설명할 수 없다. 3차원 공간 외에 여섯 개의 잉여 차원이 우주 안에 있다니 대체 어떻게 된 일일까? 우리의 일상적인 지각을 넘어서는 9차원 공간을 대체 어떻게 이해하면 좋단 말인가? 소립자론을 선도하는 물리학자 오구리 히로시大栗博司, 1962- 는 호스와 개미와 새를 비유해 차원의 삽입을 알기 쉽게 설명한다.

"마당에 물을 뿌리는 데 사용하는 호스 위로 개미가 기어간다고 생각해보세요. 개미에게 호스의 표면은 '세로'로도 '가로'로도 갈 수 있는 2차원 공간입니다. 하지만 어디선가 새가 날아와 호스에 앉았다고 하면 어떻게 될까요? 새의 발은 호스의 굵기보다 크기 때문에 세로 방향으로밖에 움직일 수 없습니다. 다시 말해 개미에게 2차원 공간인 호스가 새에게는 1차원 공간밖에 되지 않습니다. 1차원 호스에서 세로로밖에 이동할 수 없는 새에게는 가로 방향의 잉여 차원이 느껴지지 않는 것입니다."
『중력이란 무엇인가-아인슈타인으로부터 초끈 이론으로, 우주의 비밀에 다가서다』

상대적 세계와 유효 이론

차원이란 이런 형태로 자유롭게 삽입할 수 있다는 것을 오구리 히로시는 일상 속 풍경을 예로 들어 멋지게 설명한다. 바꿔 말하면 주체새와 객체호스의 거리, 그 스케일의 차이로 차원이 상대적으로 변한다는 원리가 양자역학에서 제시한 새로운 차원의 관점이다.

물리학은 그런 상대적 세계관을 '유효 이론'으로 설명한다. 모든 이론은 일정한 스케일을 가진 프레임 안에서만 유효하고, 모든 이론과 법칙은 일정한 스케일 안에서만 성립해 한정적이고 상대적일 수밖에 없다. 양자역학 이후의 물리학은 그런 생각을 유효 이론이라 부른다. 지금도 우리 주변에 일반적으로 존재하는 일상적인 스케일, 일상적인 스피드 공간 안에서 뉴턴의 법칙은 아직까지도 충분히 기능하는 유효 이론이다. 아인슈타인이 등장한다고 또는 양자역학이 출현한다고 해서 어떤 한정된 스케일 안에서 뉴턴 역학의 유효성이 사라지지는 않는다.

양자역학이 새로운 세계관을 가져온 것만은 아니다. 양자역학적 세계관조차 유효 이론에 지나지 않는다는 상대적 세계관을 가져온 것이야말로 양자역학 이후의 물리학이 이룬 최대 달성이라고 생각한다.

정확성을 기한다면 유효 이론이란 상대적이 아니라 중층적으로 세계를 파악하는 이론이다. 상대적이라고 하면 하나의 평면 위에 몇몇 시스템이 옆으로 나란히 있다는 인상을 준다. 현대 물리학의 유효 이론 사고에서는 여러 유효한 이론이 옆으로 나란히 있지 않고 중층적으로 겹쳐 있다. 그 진의는 세계의 상대성이 아니라 중층성이다.

　'유효 이론적'이라고 불러야 할 이 상대적 세계관은 건축가가 다루는 공간 스케일의 극적 확대와 다양화라는 현대적 현상과도 보기 좋게 대응하며 공명한다. 우리 역시 유효 이론적으로 세계를 파악하고 설계한다. 극소립자 세계와 극대 우주 끝을 관찰하는 일이 가능해짐으로써 물리학은 질적으로 전환했다. 건축계에서도 그와 동일한 스케일의 변환이 일어나고 있다. 나는 이 책 『점·선·면』에서 극대와 극소가 병존하는 그런 새로운 환경을 해명할 새로운 이론적 도구를 찾으려고 한다.

건축의 확대

19세기 이전의 건축가는 M 사이즈 건축을 상대로 일했다. 철골과 콘크리트가 건축의 주역이 된 19세기 이전에는 만들 수 있는 건축의 크기에 한계가 있었다. 목조에서도, 돌이나 벽돌을 쌓아 올리는 조적조masonry에서도 만들 수 있는 건축의 크기에 한계가 있었고 건축가는 그 한계 내에서 M 건축밖에 할 수 없었다. 건축이란 M 사이즈 물체를 말하며 다른 크기의 건축은 있을 수 없었다.

여기서 S가 아니라 M이 최초로 나오는 데는 이유가 있다. S란 작은 민가이고 '건축' 이전이다. 민가 설계에는 특권을 가진 건축가가 필요하지 않다. 건축이 M 사이즈로 진화하기 시작하면서 건축가가 등장하고 건축 이론이 등장했다. 르네상스 이후, 다시 말해 알베르티 이후의 건축이 회화나 조각, 음악과 나란히 문화를 구성하는 중요한 영역으로 간주되는데 그때 논의된 건축이란 S 건축이 아니라 M 건축이었다. 애초에 르네상스 건축가들은 S에 해당하는 민가나 취락을 무시하고 건축을 생각했다.

M 건축은 보이드void, 방의 집합체였다. 방을 어떻게 배열하고 편성할지 생각하고, 그렇게 편성된 전체에 어떤 실루엣과 스킨을 줄지 결정하는 일이 건축 디자인이었다.

M 사이즈 건축이란 렘 콜하스가 『S, M, L, XL』에서 제창한 개념이다. 신기하게도 그전까지 건축계에서 스케일을 본격적으로 사색한 경우가 전무했다. 기술, 경제적 제약으로 M 사이즈가 대전제이고 L이나 XL 건축은 가정하지 않았기 때문이다. S 역시 건축가의 시야 바깥에 있었다. 렘은 그 대전제가 붕괴한 후의 건축 형태를 최초로 사고한 건축가였다. 그가 발상을 전환하게 된 계기는 일본, 중국 일대의 아시아를 체험하고부터일 거라고 추측한다.

금융자본주의의 XL 건축

렘 콜하스가 만난 일본은 버블 시기를 겪던 1980년대 일본이었다. 그는 그 특별한 시기와 장소에 초대되어 당시 유럽에서는 상상할 수 없는 기상천외한 프로젝트에 참여했다. 갑자기 도래한 금융자본주의에 농락당한 버블 시기의 일본은 세계의 상식에서 벗어난 스케일과 스피드를 가진 경제를 경험하고 이에 아무런 저항 없이 무수히 많은 드림 프로젝트를 가동했다. 그때 이소자키 아라타磯崎新, 1931- 가 프로듀서로 의기양양한 토지 개발업자와 세계적 건축가와 함께 후쿠오카 공동주거 프로젝트 넥서스 월드Nexus World를 진행했다.⑫ 그곳에 불려간 렘은 아시아라는 기존 상식이 통하지 않는 새로운 장소에서 M 건축의 시대가 끝나고 XL 건축이 시작되고 있음을 실감했다.

애초에 렘은 금융자본주의 시대의 새로운 건축에 관심이 있었다. 산업자본주의 건축의 챔피언이 코르뷔지에였다면, 렘은 금융자본주의 건축의 챔피언을 목표로 그 경력을 시작했다. 1929년 대공황 직전에 계획한 건축물 중 기상천외함으로 대표되는 엠파이어 스테이트 빌딩Empire State Building, 1931, 크라이슬러 빌딩Chrysler Building, 1930, 다운타운 어슬레틱 클럽Downtown Athletic Club, 1930에서 그

⑫ 넥서스 월드에서 렘 콜하스가 설계한 동棟, 1991년

는 포스트 자본주의 건축의 힌트를 얻어 『광기의 뉴욕』을 완성하며 화려하게 데뷔했다. 금융자본주의에 지배된 현대 시대의 힌트가 대공황 직전의 뉴욕에 있다는 사실을 발견한 것이다.

렘과 함께 런던 AA 스쿨에서 공부한 자하 하디드 Zaha Hadid, 1950-2016는 렘이 세운 설계사무소 OMAOffice for Metropolitan Architecture의 설립 멤버 중 한 사람이다. 렘과 마찬가지로 대공황 직전의 통칭 아르데코 건축에서 많은 힌트를 얻어 1990년대 이후 금융자본주의 건축의 디바가 되었다. 자하는 도쿄 신국립경기장 제1회 공모전 입상자다. "당신이 무인도에 책을 한 권 가져간다면 무슨 책을 가져가겠습니까?"라는 인터뷰 질문에 자하는 "『광기의 뉴욕』"이라고 대답했다. 그 대답은 자하와 렘의 관계, 그리고 두 사람과 금융자본주의의 관계를 암시한다.

대공황 직전 1920년대 뉴욕에서 금융자본주의가 한순간 꽃을 피웠다. 바로 렘이 『광기의 뉴욕』에서 다룬 아르데코 건축이라는 무성화無性花다. 주가와 부동산 가격이

상승하고 건축가는 기묘한 형태로 기상천외한 프로그램을 가진 거대 건축에 도취했다. 기묘하고 아름다운 그 꽃은 금융 대공황에서 무참히 흩날렸고 견실하고 근면한 산업자본주의 시대가 도래했다. 그 산업자본주의 건축계 챔피언이 콘크리트의 르 코르뷔지에와 철골조의 미스 반데어로에였다.

　　렘은 무성화로 보이는 대공황 직전의 건축 안에 플라자 합의Plaza Accord, 1985 이후 금융자본주의 시대 건축의 단서가 숨어 있다는 것을 발견하고 『광기의 뉴욕』을 썼다. 확대되고 거대해진 세계는 이미 산업자본주의라는 정적인 시스템으로 버틸 수 없다고 예측하고 1920년대로 눈을 돌린 것이다. 경제 디지털화, 네트워크화로 금융자본주의는 좀비처럼 되살아났다. 좀비에게 몸을 맡기는 방법 말고는 팽창한 세계를 지탱할 길이 없다는 현실을 렘이나 자하는 이미 알고 있었다. 그들은 좀비로 부활한 금융자본주의에 가장 적합한 건축 스타일을 발견하고 시대를 대표하는 총아가 되었다. 버블 시기의 일본, 그리고 그 후의 중국과 다른 아시아 국가에서 거대하고 기이한 프로젝트가 진행되는 현세를 파악한 렘은 『S, M, L, XL』을 썼고 자하와 함께 20세기 말 대스타 자리에 올려놓았다.

　　나 역시 S에서 XL에 이르는 초계층적 스케일을 가진 팽창 세계의 앞날을 생각하지 않을 수 없었다. 하지만 렘처럼 그 팽창 세계의 앞날을 비관적으로, 위악적으로 그리는 대신 양자역학적, 유효 이론적으로 해명하려고 생각

했다. 우리가 환경과 함께 살아가고자 한다면 주지주의
적 방법의 파탄을 렘처럼 위악적으로 비웃을 일이 아니다.
위악은 불모이고 현실 도피다. 지금이야말로 계속해서 흐
르는 현실의 물질, 현실의 시간과 함께 흐르는 유연한 다
다이즘이 필요하다.

건축의 팽창과 새로운 물리학

뉴턴 물리학은 르네상스식 M 사이즈 건축에서 산업혁명식 L 사이즈 건축으로 도약하는 과정과 나란히 달렸다. 역사적으로 봐도 뉴턴 물리학은 산업혁명이 일어난 계기가 되었고, 산업혁명이 일어나면서 M 건축에서 L 건축으로 바뀌었다. 1851년 런던 만국박람회를 위해 건설한 수정궁 Crystal Palace은 그 전환을 상징한다. M 건축만을 건축이라고 생각한 당시 사람들 눈에 수정궁은 건축으로 보이지 않았다. 쇠기둥이나 창틀 등의 공업 재료를 아무렇게나 그러모은 텅 빈 공간으로밖에 보이지 않았다. 콘크리트와 철로 만든 작은 방 집합체에 지나지 않은 건축물 안에 기둥 없이 천장을 높인 커다란 공간이 출현했다. 건축은 건축가들 의지와 다르게 M 사이즈에서 L 사이즈로 전환되었다.

뉴턴 물리학의 기본은 물체나 인간이 뉴턴 방정식에 따라 텅 빈 공간에서 운동하는 것이다. 콘크리트와 철로 실현된 커다란 공간에서 사물이나 사람이 자유롭게 운동하는 모습은 뉴턴 물리학 그 자체였다. 라투르가 제창한 행위자연결망 이론의 새로운 지평에서 돌이켜 보면 사물이나 사람이 추상적인 공간 안에서 이동하는 이미지는 서구 인간중심주의와 깊이 결부된 것으로 느껴진다. 행위자연결망 이론에서는 운동이 일어나는 단순한 배경이 되는 텅 빈 공간을 일종의 허구라며 비판했다. 사물과 사람은 서로 얽히고 영향을 주며 운동 방정식으로 풀 수 없을 것 같은 복잡한 그물을 만들어내는데, 그 그물이야말로 세계의 실상이라고 가르쳐준다.

코르뷔지에가 운동을 상징화하기 위해 디자인한 빌라 사보아의 뻥 뚫린 공간을 건축적 산책이라고 명명했듯 소박하고 목가적인 M 건축이었다고 본다. 빌라 사보아 이후 엘리베이터, 에스컬레이터 등 20세기 초 신기술 보급으로 발명된 운동 용기容器로서의 보이드는 거대해지고 뉴턴 물리학이 발견한 보이드, 텅 빈 공간은 세계로 확산되어 환경을 파괴했다.

르네상스식 M 건축에서 산업자본주의식 L 건축으로 전환된 흐름이 단지 스케일만의 문제가 아니었던 것처럼 산업자본주의식 L에서 금융자본주의식 XL로 전환된 흐름 역시 스케일의 전환 이상으로 도시와 생활의 질적인 대전환이었다.

그 단계에 접어들자 우선 대지에 걸린 제약이 사라졌다. 여러 대지를 타 넘고 그 사이를 가로지른 도로나 철도까지 포함해 거대한 대지가 새로 만들어졌다. 작은 토지, 좁은 도로까지 통합한 롯폰기 힐스Roppongi Hills나 도쿄 미드타운Tokyo Midtown처럼 대규모 개발로 출현한 XL 건축은 XL 생활이 시작됐음을 알렸다. 그와 함께 골목도 지붕도 모두 사라졌다.

이것은 단지 대지 면적이 늘어났다는 양적 전환만을 의미하지 않는다. 대지가 통합된다는 것은 우선 그것을 가능하게 할 만큼의 금융 유동성이 출현했다는 의미다. 더불어 그것을 가능하게 할 여러 국가에 걸친 정치적, 경제적 조정과 결탁이 출현했다는 의미다. 정치와 경제가 초영역 수준으로 결탁하지 않고는 금융자본주의의 불안정한 시스템을 안전하게 운용할 수 없게 되었다. 포스트 산업자본주의란 그런 유동성과 결탁하는 시대였다.

유동성에 따른 스케일 초월이 아시아라는 오래된 장소에서 일어난 일은 결코 우연이 아니다. 서구가 오랜 시간에 걸쳐 구축한 민주주의적 시스템은 경제의 유동성, 정치와 경제의 결탁에 제동을 건다. 서구 개인주의를 존중하는 한 M에서 L로의 전환이 최대한이었다고도 할 수 있다. 아시아라는 오래된 장소에 산재한 독재적 전체주의 안에서 비로소 L은 대지를 넘어 기존의 규칙도 법률도 모두 초월해 XL로 도약할 수 있었다.

그런 XL 상황에 대응하는 새로운 물리학이 양자역학이었다. XL이란 단순히 거대한 규모만이 아니라 극소에서 극대에 이르는 무수한 스케일의 혼재와 중층을 의미한다. 그 중층이야말로 XL이었다. 서구 민주주의와 법치주의에서는 결코 볼 수 없던 혼재와 중층이 아시아식 전체주의에서 처음으로 지상에 출현했다.

아시아에 출현한 그 혼란스러운 상황은 뉴턴 물리학은 물론이고 아인슈타인 물리학으로도 절대 설명할 수 없었다. 다만 아인슈타인은 시간과 공간이 하나이고 압도적인 스피드 안에서는 시간도 공간도 늘어나고 줄어든다는 것을 'E=mc²'라는 아름다운 방정식으로 훌륭하게 증명해내었다. 아인슈타인은 시간과 공간의 틀을 부정하고 두세계의 경계선을 파괴했지만 그것이 통합된 새로운 세계에도 여전히 법칙은 존재한다고 했다. 법칙이 있는 것 자체를 부정하지 않았다는 점에서 아인슈타인은 충분히 보수적이었다.

하지만 현대 양자역학은 모든 것을 설명할 법칙 따위가 이미 존재하지 않는다는 사실을 분명히 했다. 극소, 극대를 관측할 수 있게 되고, 그것을 통합하는 법칙이 존재하지 않는다는 사실을 양자역학이 우리에게 들이댄 것이다. 그것은 물리학이라는 학문 자체의 자기 부정이었다고 해도 좋다. 물리학이란 법칙을 찾고 방정식을 발견하는 것을 목적으로 삼는 학문이기 때문이다.

그런 의미에서 아인슈타인은 고전 물리학의 최종 형태이자 물리학에 대한 최후의 노래였다. 그 반대로 양자역학은 법칙에 기초해 무언가를 계산하고 예측하는 과학적 태도 자체를 부정했다. 물리학이 학문 자체의 대전제를 상실하면서 양자역학 이후의 무질서한 물리학은 아인슈타인 이전의 모든 물리학과 결별하고 만다.

그렇다면 새로운 물리학은 어떤 새로운 건축과 함께 달리는 것일까? 새로운 건축은 새로운 물리학에서 어떤 단서를 얻을 수 있을까?

새로운 물리학에서 가장 흥미로운 점은 진화론적 논리 구조와의 결별이다. 렘이 쓴 『S, M, L, XL』의 논리 구조는 기본적으로 진화론적이고 직선적이다. 작은 건축이 차례로 커져 M, L로 확대되고 아시아의 등장으로 XL로까지 폭발적으로 팽창하면서 세계가 종말적, 절망적 상황에 빠졌다는 진화론을 기초로 하는 비관이다.

이는 세계의 현 상황을 비관적으로 보면서도 혼란에 빠진 아시아의 새로운 상황을 향한 유럽 엘리트의 푸념이기도 했다. 렘 콜하스 세대는 종종 이렇게 비관적 논조로 현재의 도시와 건축을 비판한다. 예컨대 이소자키 아라타의 도시론과 건축론도 똑같이 비관적으로 전개된다. 세계는 점차 확대된 끝에 종말을 향해 곤두박질쳐 이제 희망은 없고 한편 자신만이 상황을 정확하게 이해하는 현자라고 치켜세운다. 이 종말적 상황에 휩쓸려 농락당할 뿐인 항간의 건축가들을 철저히 무시하는 것이 그들의 어조다.

인생 후반에 XL 상황과 조우한 이소자키와 렘 세대

건축가에게는 그런 표현이 좋을지 모르지만 그들 자신만
을 피해자로 삼아 위로하고 구출했다 해도, 애초에 XL 상
황에서 건축가로 출발한 우리 세대에는 아무런 도움이 되
지 않는다. 하물며 나는 렘이 XL의 원흉으로 삼는 아시아
에서 나고 자랐다. XL을 남 일처럼 내치고 웃어넘기는 일
은 도저히 할 수 없다. 나는 아시아의 현실을 받아들이고
아시아에서 태어난 현실을 받아들인 상태에서 아시아를
비판하고 아시아의 가능성과 미래를 생각하려 한다.

내가 새로운 물리학에 흥미를 느끼는 것은 그 논리가
작은 사물에서 큰 사물로 진화하는 직선형, 진화론형이
아니라 커다란 사물 안에서도 작은 것을 발견하고, 그 작
은 사물 안에서도 커다란 것을 발견하려고 하기 때문이다.
극소에서 극대까지의 중층성을 허용하는 관용성과 극소
에서 극대를 자유롭게 오가는 스피드 감각이 새로운 물리
학의 기초가 되었다.

작은 사물은 언제까지고 우리 가까이에 있고, 언제까
지고 가까이 끌어당길 수 있으며 직접 접촉할 수도 있다.
세계는 일방적으로 커다란 사물로 진화하기보다 커다란
사물이 더욱 커지고 빠른 사물이 더 빨라지면서 우리는
작은 사물, 느긋한 사물에 매료되어 가까이 끌어당기게
된다. 커다란 사물과 작은 사물 사이에서 우리는 계속 진
동한다. 양자역학적 중층성은 고상한 학문 속 사건이 아
니라 우리의 일상 감각 그 자체다.

사실상 건축은 점점 커져가는 한편, 분별 있는 디자이

너의 관심은 작은 사물로 향하고 있다. 커다란 사물을 효율적으로 만드는 것이 20세기 건축의 목적이었다면, 작은 사물건축의 점·선·면과 인간 신체 간 대화와 상호작용이 건축 디자인과 테크놀로지의 중심 과제가 되었다. 그렇게 작고 섬세한 사물을 이용해 자유롭고 친절하고 부드러운 공간을 만드는 테크놀로지가 차례로 생겨났다.

　내가 작은 바이올린, 가구, 커튼 등의 생산품을 디자인함으로써 시도하려는 것이 바로 '극소=XS'의 부활이다.

초끈 이론과 음악적 건축

'극소=XS'의 부활은 르네상스의 영향으로 M 건축과 건축가라는 특권 주체가 등장하기 이전 상태로 회귀함을 말한다. 이탈리아 화가 라파엘로 산치오Raffaello Sanzio, 1483-1520 이전으로 돌아가는 것을 목표로 한 빅토리아 시대의 라파엘 전파, 그리고 그 후계자인 윌리엄 모리스William Morris, 1834-1896 등이 주도한 미술공예운동Art and Craft의 부활이라 해도 좋다. 미술공예운동은 S로 돌아가려고 했지만 노스탤지어라는 올가미에 포박당하고 말았다. S에 머물지 않고 XS, XXS로 헤치고 들어감으로써 노스탤지어와도 결별할 수 있을지 모른다.

이 책의 목적은 극소와 극대가 중층하는 새로운 양자역학적 환경을 정리하고 그 환경에서 끝까지 살아나갈 길을 찾는 것이다. 이에 큰 실마리를 준 것이 초끈 이론Superstring Theory이다. 소립자론에서는 소립자라는 작은 점이 우주의 단위라고 생각했지만 쿼크quark, 광자, 전자, 뉴트리노neutrino 등 여러 소립자가 차례로 발견되면서 이제 소립자가 우주의 기본 단위라고 생각하기 어려워졌다. 그 어려움을 타개하기 위해 모든 입자가 현string이라고 주장하는 초끈 이론이 탄생했다. 초끈 이론에서는 바이올린의 현이 진동함으로써 다채로운 소리를 내듯 현이 때로 쿼크 음색을 연주하고 때로 뉴트리노 음색을 연주한다고 본다. 초끈 이론으로 세계는 사물 집합체가 아니라 현이 내는 다양한 음악 집합체가 되었다. 건축 역시 음악 집합체로 이해할 수는 없을까? 그것은 칸딘스키가 논한 음악과 건축의 통합을 계승하는 것이기도 하다.

초끈 이론은 모든 것이 진동한다고 주장함으로써 점이 지닌 숙명적 어려움을 극복했다. 사실 점은 다양한 어려움을 안고 있었다. 점과 점이 너무 가까워지면 인력은 거리 제곱에 반비례한다는 물리 법칙에 따라 서로에게 작용하는 힘이 무한대가 되고 계산 불능이 되어 물리학에서 비어져 나간다. 그 어려움이 현으로, 음악으로 극복된다. S, XS를 향해 단순히 작음을 추구하면 반드시 점의 어려움에 봉착한다. 거기에 진동과 리듬 개념을 도입함으로써 점의 딜레마에서 해방된다.

건축을 점이나 선으로 정의해도 즉각 다양한 난관에 직면한다. 점도 선도 폭이나 두께를 갖지 않기 때문에 그것을 아무리 더해가도 건축이라는 물질 덩어리에 도달할 수 없기 때문이다. 점과 선의 어려움을 회피해 건축을 볼륨으로 정의하는 방식이 서양 건축의 기본 구조였다. 20세기 유럽에 등장한 모더니즘 건축도 건축을 볼륨으로 정의한 점에서 서양 건축의 정통 적자였다. 그 결과 건축은 콘크리트로 만든 지루한 3차원 볼륨으로 퇴행하고 양자역학적 자유를 상실했다.

진동하는 현을 도입하면 점·선·면의 차이는 진동의 차이일 뿐이다. 더욱 심하게 진동시키면 점·선·면을 어떻게든 확장할 수 있다. 건축을 넘고 도시를 넘어 세계에 도달할 수 있다. 점·선·면을 물질로도 공간으로도 우주로도 확장해갈 수 있게 된다. 물질 역시 점·선·면의 진동이고 음색이며 리듬이라고 생각하면 건축도 도시도 전혀 다르게 보인다.

들뢰즈와 물질의 상대성

진동 개념을 도입함으로써 점·선·면을 자유롭게 횡단하는 게 가능하고 색, 굳기, 질감, 무게조차도 진동의 결과로 설명할 수 있다. 물론 칸딘스키는 초끈 이론을 알 리도 없고 진동이라는 개념도 몰랐다. 다만 음악을 깊이 알았기에 직감적으로 점·선·면을 연속한 진동으로 연결할 수 있었다. 고체와 액체의 상대성에 대한 질 들뢰즈의 논고는 칸딘스키의 연장선에 있다. 들뢰즈는 배와 파도를 예로 들며 액체인 물이 어떤 때는 고체로 출현한다고 지적했다.

"물체는 일정한 단단함과 일정한 유동성을 동시에 갖는다. 어쩌면 물체는 본질적으로 탄성을 갖는다고 해야 한다. 탄성의 힘은 물질에 작용하는 능동적인 압축력이 작용했을 때 생긴다. 배가 가는 속도에 따라 파도는 대리석 벽처럼 단단해진다. 절대적 불변성을 주장하는 원자론자의 가설도, 절대적 유동성을 논하는 데카르트의 가설도 유한한 물체나 점 형태를 취한다. 무한하다고 해도 분할 가능한 최소 단위를 설정함으로써 동일한 오류를 공유하기 때문에 더더욱 완전히 일치하는 것이다."
『주름—라이프니츠와 바로크』

들뢰즈는 기본적으로 물질이란 상대적이라고 인식했다. 이미 살펴본 바와 같이 상대적이라기보다 중층적이라고 표현하는 편이 더 적절했을 것이다. S에서 XL로 팽창하는 세계가 실은 확대가 아니라 중층화였듯 물질 자체 또한 중층화한다고 들뢰즈는 지적했다. 덧붙여 물질은 점·선·면·볼륨이 아니라 주름으로 파악해야 한다고 논의를 전개한다. 주름이란 진동의 또 다른 이름이다.

"이는 바로 라이프니츠가 경이로운 문장을 써가며 설명한 내용이다. (중략) 연속체의 미로는 작은 입자로 분산되는 부드러운 모래처럼 독립된 점으로 분리되는 하나의 선이 아니라 하나의 천 또는 종잇장이다. 그것은 무한한 주름이나 곡선 운동으로 분할되며 각각은 견고한 또는 협조적인 주위에 한정된다. 연속체는 낱알이 이룬 모래가 아니라 무한한 주름으로 분할되는 종잇장이나 옷과 흡사하다. 그리하여 물체는 결코 점이나 최소 단위로 나뉘는 게 아니라 무한한 주름을 갖고, 어떤 주름은 다른 주름보다 더 작다. (중략) 미로의 최소 요소란 주름이지 결코 하나의 부분에 해당하는 점이 아니다. 단지 선의 말단이다."
『주름-라이프니츠와 바로크』

들뢰즈의 이런 물질관은 물질의 최소 단위가 점이 아니라 현의 진동이라는 초끈 이론을 바꿔 말한 것으로 보인다. 물질의 상대성에 파고든 끝에 현이나 주름이 나타나고 그 음색으로 물질이 재정의된다. 점·선·면을 파고들면 점·선·

면의 경계가 사라지고, 물질이란 점·선·면의 집합이 아니라 점·선·면의 진동이며 놀라움이라고 다시 정의된다.

들뢰즈의 물질론에서 주목해야 할 것은 그가 바로크 건축에서 영감을 받아 이런 독특한 물질론을 전개한다는 점이다. 들뢰즈는 바로크 연구의 정본이라 할 수 있는 스위스 예술사가 하인리히 뵐플린Heinrich Wölfflin, 1864-1945의 『르네상스와 바로크─이탈리아 바로크 양식의 성립과 본질에 관한 연구』를 인용하고 바로크 건축이야말로 무수한 주름 집합체라는 결론에 도달한다.

칸딘스키가 고딕에서 점을 발견했듯 들뢰즈는 바로크에서 선을 발견하고 선의 진동을 듣고, 볼륨이라 생각한 돌의 건축을 무수한 선 집합체로 재정의했다. 볼륨을 지향하는 묵직한 돌이 물리적 제약에서 벗어나 점·선·면을 연주하기 시작한다는 바로크의 도약이 들뢰즈를 이끌었다.

그렇다면 어떻게 해야 현 그리고 주름의 진동이 가진 비밀에 파고들 수 있을까? 어떻게 하면 고딕도 바로크도 아닌 현대의 음색을 발견하고 울릴 수 있을까?

나는 우선 귀를 쫑긋하고 현에서 나오는 음색에, 물질이 연주하는 소리에 귀를 기울인다. 현을 켜보고는 소리를 듣고 또 그것을 신체 안으로 접어넣는다. 다음으로 다시 살짝 현을 만져 울려본다. 그것을 무한히 반복할 수밖에 없다. 새로운 음색이 울리는 순간을 찾아 그저 되풀이할 뿐이다. 음악가란 그런 동작을 되풀이할 인내력을 가진 인간의 또 다른 이름이다. 물질을 울림이라고 한다면 건축가는 음악가다. 듣고 또 듣는 일이 가장 필요하다. 다시 말해 수동적이며, 인내를 계속해야 한다.

이 책에서는 점·선·면 세 카테고리로 나누어 현의 진동을 기술했다. 단지 점·선·면으로 분류하는 일이 목적은 아니다. 오히려 정반대로 그것들이 모두 진동이고 그 진동으로 나타난 결과다. 그렇기에 결코 점·선·면으로 나눌 수 없다는 점을 확실히 하고 싶다.

점

点

큰 세계와 작은 돌멩이

건축에서 점이라고 하면 우선 돌멩이를 떠올린다. 애초에 대지 안에서 돌은 거대한 볼륨, 다시 말해 덩어리로 존재했다. '돌=대지'라고 해도 좋을 정도로 그 볼륨은 크고 무겁다. 그대로는 인간이 감당할 수 없으니 돌은 잘리고 쪼개진다. 인위적으로 자르거나 자연의 힘으로 부서져 돌멩이가 되기도 하는데 어떤 경우에든 우리 앞에 점으로 나타난다. 점이 되어 비로소 인간이라는 작고 약한 존재도 돌을 다룰 수 있게 된다. 돌을 생각하기 시작하면 세계와 인간의 관계가 보인다. 세계가 얼마나 크고 인간이 얼마나 작고 약하고 미덥지 못한지가 보인다.

점이라는 작은 존재가 된 돌을 쌓아 올리는 구조를 조적조라고 한다. 인간은 세계를 작게 잘라 나누고 다시 쌓아 올린다. 작은 점을 짜 맞춰 크게 키우는 번거로운 일을 되풀이해왔다. 그것이 건축의 본질이다. 조적조는 목조와 대비된다. 고대 그리스 로마 이래 서양 건축은 조적조가 기본이었고 아시아에서는 목조가 주류였다.

조적조는 점을 겹겹이 쌓고 목조는 선을 짠다. 두 방법이 대조적으로 보일지 모르지만 고대 그리스 건축도 처음에는 목조였다. 숲의 나무를 모두 베어버려 목재를 구

① 중국 산시성 불광사佛光寺 대전大殿, 857년

② 파르테논 신전, 기원전 438년

할 수 없게 되자 돌을 쌓는 조적조가 주를 이루게 되었다.

일본의 비옥한 화산성 토양과 달리 그리스 땅은 메마른 탓에 삼림 재생력이 떨어진다는 점이 원인이었다. 하지만 고대 그리스 유적의 다양한 디테일에 목조 흔적이 남아 있다. 예컨대 아시아 목조 건축의 특징인 선형 부재 서까래가 지붕을 떠받치는 구조를 파르테논 신전을 비롯한 고대 그리스 건축에서도 발견할 수 있다.①② 가느다란 단면 형상을 가진 돌을 사용해 서까래의 기억, 목조의 기억, 숲의 기억이 정교하게 재현되었다.

그리스 신전은 수직 기둥이 발하는 강한 기념비성에 의존한 건축으로, 줄지어 늘어선 기둥이 자아내는 리듬감

③ 마크앙투안 로지에, 『건축론』 속표지에 실린 〈원시 오두막〉, 1755년

이 전체를 지배한다. 그런 의미에서 건축이란 기둥의 건축이고 수직선의 건축이었다. 기둥이라는 어휘가 목조 건축에서 유래했음이 틀림없을 듯하다. 숲의 나무를 베어오면 그 자리에 기둥 하나가 만들어지기 때문이다. 한편 큰 돌을 기둥으로 삼는 일은 아무리 큰 돌을 자주 사용한 고대라고 해도 쉽지 않은 일로 보인다.

건축의 원점은 숲의 나무를 베어와 기둥을 세우는 일이라고 거듭 주장되어왔다. 건축이론가이자 예수회 신부인 마크앙투안 로지에Marc-Antoine Laugier, 1713-1769의 〈원시 오두막The Primitive Hut〉은 지금도 종종 건축 교재 앞머리를 장식한다. ③ 숲속 나무는 인간에게 특별한 존재였다. 인간이라는 동물이 숲속에서 탄생하고 숲에 의존하며

④ 도리스식 기둥의 가느다란 홈   ⑤ 코린트식 기둥의 아칸서스 잎 장식

생활했기 때문인지도 모른다. 고대 그리스 건축에서 기본
어휘로 삼는 다섯 개 기둥오더order라고 부르는 도리스식, 이오니아식,
코린트식 등의 기둥 가운데 도리스식 기둥에는 나무껍질을 연
상시키는 가느다란 홈이 새겨져 있고 리시크라테스 기념
비Monument of Lysicrates, B.C. 334에서처럼 코린트식 기둥 꼭
대기에는 아칸서스 잎이 조각되어 있다. ④⑤ 그리스 건
축이란 숲의 재현 그 자체였다.

그리스에서 로마로의 전환

그렇게 다가가 세부를 들여다보면 돌이 이룬 점 집합체로 보이는 고대 그리스 건축도 선에 의존하는 건축이었다는 사실을 알 수 있다. 점과 선의 경계는 모호하고 그 둘은 서로 끼워 넣어지는 관계다. 점과 선 사이를 오가는 이 섬세한 고대 그리스 건축이 고대 로마에 이르면 볼륨의 건축으로 변신한다. 로마 사회와 경제 상황에서는 큰 볼륨이 필요했다. 작은 도시국가군인 고대 그리스와 세계제국이 된 고대 로마가 각각 필요로 하는 볼륨이 현저히 달랐다. 고대 로마는 그리스에서 많은 것을 배우고 그 양식을 계승했다. 다만 기둥보다 벽면에 표현하는 방식을 주로 활용했다. 거대하고 육중한 벽에 필라스터pilaster라는 기둥을 설치했지만 리듬감을 만들고 진동을 발생시킬 명목일 뿐이었다.⑥

⑥ 콜로세움의 필라스터, 79년

점 집합체로서의 시그램 빌딩

20세기에도 고대 로마와 같은 일이 일어났다. 유럽에서 시작한 모더니즘 건축도 그리스 신전과 마찬가지로 선을 중요하게 다루었고, 기둥 선이 만드는 리듬감으로 건축 전체를 종합하고자 했다. ⑦⑧

하지만 제1차 세계대전 이후 경제 중심이 유럽에서 미국으로 이동하면서 볼륨의 확대가 사회 목표가 되고 건축 디자인의 주제가 되었다. 유럽은 고대 그리스처럼 '작은 장소'이고 미국은 고대 로마처럼 '큰 장소'였다.

장소가 이동하면서 디자인도 변화했다. 20세기는 고대사를 되풀이했다. 미스 반데어로에는 고대 로마의 필라스터처럼 거대한 볼륨에 수직 부재를 설치하고 거대해진 건축에 어떻게든 리듬감을 주어 통제하려고 했다. ⑨⑩ 그는 이미 1938년 유럽에서 미국으로 활동 거점을 옮긴 상태였다. 이는 건축 표현주의의 중심이 유럽에서 미국으로 옮겨갔음을 상징한다. 반데어로에는 그 이동의 의미와 본질을 정확히 이해하고 미국이라는 큰 장소에 자신의 디자인을 적응시켜 외장 디테일을 고안했다.

1958년 반데어로에가 설계한 시그램 빌딩Seagram Building이 초고층 건축의 걸작이라고들 했지만 건축역사

⑦ 미스 반데어로에, 바르셀로나 파빌리온, 1929년

⑧ 선이 만들어내는
리듬감

⑨ 미스 반데어로에,
시그램 빌딩

⑩ 시그램 빌딩 외벽에 덧댄 수직 부재

⑪ 돌과 돌 사이 줄눈

⑫ 거친 돌 표면

학자 레이너 밴험은 조적조의 현대화가 성공했기에 가능한 일이었다고 지적했다. 조적조에서는 쌓는 단위가 되는 돌 하나하나를 명확히 인식할 수 있다. 그 단위점은 인간 신체가 다룰 수 있는 크기를 넘어설 수 없다. 다시 말해 인간 신체가 점의 스케일을 규정한다. 그 익숙한 스케일 때문에 조적조 건축이 친숙하게 느껴진다. 마찬가지로 시그램 빌딩의 유리 외벽은 청동 프레임이 지나면서 작은 점 집합체로 분할된다. 청동 프레임은 단순한 기둥이 아니라 빌딩 전체를 작은 점 집합체로 만드는 장치라는 사실을 밴험은 알아챘다. 석공의 아이로 태어난 반데어로에가 조적조 공법으로 초고층 건축을 인간 스케일의 점 집합체로 변질시켰다는 것이 밴험이 주장하는 내용이다. 밴험의 시그램론을 계기로 나는 점에 대해 생각하기 시작했다.

반데어로에가 한 듯한 궁리는 고대에서도 그 흔적을 많이 발견할 수 있다. 조적조의 경우 점과 점이 충분히 밀착하지 않으면 건물을 지탱할 수 없기 때문에 빈틈없이 쌓아 올린 결과 묵직한 볼륨이 된다. 점을 기본 단위로 하는데도 전체에서 점의 가벼움이 느껴지지 않는다. 이를 피하고자 고대 그리스와 로마에서는 줄눈을 V자 모양으로 파서 돌 사이에 그림자가 지도록 하거나 표면을 거칠게 마무리해 각각의 돌을 독립된 점으로 느끼게 하려고 시도했다.⑪⑫ 반데어로에에게는 선배가 많았다. 그는 과연 석공의 아이였고 서양 건축의 후손이었다.

돌 미술관의 점을 향한 도전

돌은 본질적으로 점인데도 연결되기 쉽고 볼륨이 되기 쉬운 성가신 소재다. 그 난감한 소재를 처음으로 직면한 때가 시라이석재白井石材 의뢰로 아시노芦野 지역에 돌 미술관을 지을 때였다. 돌을 주제로 한 미술관이다 보니 아무래도 현지에서 나는 아시노석芦野石을 사용하고 싶다는 강력한 요청이 있었다.⑬ 돌은 볼륨이라는 함정에 빠지기 쉬운 위험한 소재여서 나는 지금까지 쭉 돌을 피해왔다.

콘크리트 위에 얇은 돌을 덧붙이는, 오늘날 가장 일반적인 방법은 절대 피하고 싶었다. 콘크리트 위에 어느 정도 질감이 있는 얇은 마감재를 붙여 표면만 꾸미는 건 거대한 볼륨 만들기를 지상명령으로 삼은 20세기 방식이다. 얇은 돌을 붙이기만 하면 건축이 호화롭게 보인다거나 고층 아파트가 비싸게 팔린다는 이유로 돌을 얇게 잘라 대량 소비하곤 했다. 나무도 그렇게 장식으로 기호로 사용했다. 나무와 돌을 포함해 모든 자연 소재가 볼륨의 외피 장식으로 전락한 때가 20세기라는 시대였다.

장식과 기호에 지배된 이 빈약한 상황에서 어떻게든 돌이라는 물질이 지닌 풍요로움을 구출하고 싶었다. 아무튼 돌 안에는 지구 역사만큼이나 긴 시간이 매장되어 있

⑬ 돌 미술관, 2000년

⑭ 루버로 활용한 돌

⑮ 다공질 조적조

다. 돌이란 지구를 작게 분할하고 다시 쌓아올리는 긴 격투의 역사가 새겨진 물질인 셈이다.

돌 미술관을 설계하면서 두 가지 방법에 다다랐다. 하나는 돌을 루버louver, 선로 다루는 방법이다.⑭ 선을 이용함으로써 볼륨에서 돌을 구해내려고 한 것이다. 이때 루버를 고정할 선 형태의 철골 지지대가 필요하기 때문에 결과적으로 씨실과 날실이라는 두 개의 선을 짜낸 듯한 구성이 된다.

또 하나의 방법은 돌을 쌓아 올려 볼륨에서 구해내는 공법이다. 그렇게 하기 위해 사이사이 틈새를 두며 돌을 쌓았다. 틈을 늘려 그럭저럭 돌을 점으로 돌리는 일에 도전한 것이다. 틈새투성이여도 지진에 견뎌야 한다. 돌을 빼낸 다공질 조적조는 애초에 조적조라고 할 수 있을까? ⑮ 그런 질문을 되풀이하며 조금씩 점에 다가갔다.

구조 엔지니어 나카타 가쓰오^{中田捷夫} 씨에게서 "돌을 3분의 1쯤 빼내도 구조 벽으로써 지진에 견딘다."는 조언을 얻었다. 3분의 1이라는 양은 계산해서 나온 수치가 아니라 직감이라고 나카타가 말했다. 엔지니어가 한 말이라기엔 과학적이지 않았지만 매달리는 심정으로 3분의 1이라는 숫자를 놓고 돌을 빼내는 연구를 시작했다. 일본 건축기준법에서 조적조 항목을 되풀이해 읽어보니 조적조의 규정 자체가 모호하다는 사실에 놀랐다. 벽 길이와 두께 기준만 정해졌을 뿐이고 근거는 확실하지 않았다. 그런 기준으로 해왔으나 지금까지 무너지지 않았으니 괜찮을 거라는 경험주의적 모호한 기준밖에 없었다.

점에서 볼륨으로의 도약

비단 건축기준법에 한정된 애매함이 아니었다. 조적조 건축이 어떻게 지진에 견디는지를 정확히 계산해 확인하는 게 아니라 경험에 의존한 것이다. 작은 점을 쌓으면 큰 볼륨이 된다는 사실은 여전히 직접 확인하지 않을 수 없을 만큼 신비한 일이다. 작은 점이 큰 볼륨이 되기 위해서는 마술에 가까운 도약이 필요하다. 21세기에도 사람은 마술에 의존해 점을 다룬다.

기둥이나 보 같은 프레임 구조는 계산하기 쉽다. 선은 계산 가능하다. 덕분에 20세기에는 프레임 건축이 주류가 되었다.⑯ 프레임이라면 허접한 20세기 기술로도 구조를 계산하기 충분했다.

시공 수준이 높아진 만큼 계산 수준도 올라갔고 그 방법 또한 달라졌다. 19세기 이전에는 구조를 계산하는 개념이 없었고 모든 것을 경험에 의존했다. 19세기까지 유럽은 조적조가 지배적이었는데 점 집합체인 조적조는 계산이 불가능하다는 사정도 있었다. 20세기 들어 유럽 건축에도 철골이나 콘크리트 기둥 같은 선이 도입되어 구조를 계산할 수 있게 되었다. 그전에는 건축을 단순한 프레임으로 간주해 계산하는 정도의 프레임 해석만 가능했다. 따라서

⑯ 미스 반데어로에, 판스워스 하우스Farnsworth House, 1951년

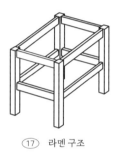

⑰ 라멘 구조

⑱ 자연 바람이 통하는 디테일

라멘rahmen 구조처럼 단순한 프레임밖에 계산할 수 없었고, 건축가도 순순히 그 한계에 맞춰 라멘 구조만 양산할 뿐이었다.⑰ 계산의 한계로 현실에 제약이 걸렸다.

점과 선을 늘리고 라멘 구조보다 복잡한 프레임을 계산할 수 있게 된 건 그리 오래된 일이 아니다. 컴퓨터의 활약으로 유한요소법Finite Elements Method, 개별요소법Discrete Element Method, 입자법Particle Method으로 한층 더 진화해 가까스로 입자 수준의 작은 점까지 다루게 되었다. 선은 다루기 쉬웠지만 점은 그만큼 신비한 존재였다. 입자가 집합한 듯한 나의 건축 디자인은 배후에서의 그런 새로운 설계 기술로 지탱되고 있다.

돌 미술관으로 이야기를 돌리자면 돌을 3분의 1만 뺐는데도 볼륨이어야 할 석벽이 드문드문한 점 집합체로 보였다. 마술을 보듯 신기했다. 빼낸 자리를 처리하는 방식은 두 가지인데, 하나는 돌을 뺀 구멍을 그대로 두는 방법이다. 당연히 빛과 바람이 제멋대로 들어와 공기를 조절하기 어려우니 미술관으로는 실격이었다. 그래도 전시물 대부분이 돌 조각이나 공예품이어서 조절 장치 대신 자연 바람에 맡기기로 했다. 공기 조절이 완벽한 볼륨을 지향하는 20세기식, 미국식 건축을 비판하는 디테일이다.⑱

다른 하나는 돌을 뺀 구멍에 얇게 자른 돌을 끼워 넣는 방법이다.⑲ 이탈리아산 대리석 비앙코 카라라bianco carrara를 6mm 두께로 자르자 빛이 돌을 통과했다. 로마 제국의 율리우스 카이사르Julius Caesar가 카라라 지역에

⑲ 얇게 자른 비앙코 카라라 끼워 넣기

⑳ 돌을 투과한 빛이 스미는 내부

㉑ 안젤리카 카우프만 뮤지엄Angelika Kauffmann Museum 유리창의 원형 돌기

채석장을 만든 덕에 하얗고 아름다운 돌을 사용할 수 있게 되었다. 이 돌은 지금도 전 세계에서 가장 많이 사용하는 돌이다. 유리를 끼워 넣을 자리에 돌을 끼워 넣음으로써 건축을 모두 작은 점 집합체로 만들 수 있었다. 말 그대로 점의 원리를 철저히 실현한 셈이다.

미술관 내부는 비앙코 카라라를 투과한 신비로운 빛으로 가득 찼다.⑳ 고대 로마에서는 유리값이 비쌌기 때문에 카라칼라 목욕탕Baths of Caracalla을 지을 때 유리 대신 얇게 자른 돌을 창에 끼워 넣었다. 로마 시대 창도 유리 면이 아닌 돌로 된 점으로 만들어졌다.

면은 근대 산물이다. 면을 만드는 데 고도의 기술이 필요해서인데, 우리가 면 소재라고 믿는 유리도 근대 이전에는 점이라 불러야 할 크기로밖에 만들 수 없었다. 중세 유럽 건축에서는 납 프레임으로 분할된 창에 작은 유리판을 끼웠다. 유리 한가운데에는 렌즈처럼 생긴 원형 돌기가 있었다.㉑ 분유리 공법으로 유리병을 만들고 그것을 쪼개 유리판을 만들면서 생긴 묘한 흔적이다. 불고 쪼개 만든 점과 점은 납으로 접합했다. 결국 개구부 전체가 커져도 창은 계속해서 점 집합체였고 인간 스케일을 유지했다. 유리로 커다란 면을 만들게 된 건 훨씬 나중 일이다.

오랫동안 인류는 벽은 물론이고 개구부까지 점을 이용해서만 해결할 수 있었다. 인간은 작은 점을 매개로 어떻게든 커다란 세계와 연결되려고 애썼다. 때때로 중세 유리창의 돌기 같은 격투 흔적이 우리를 감동시킨다.

나에게는 돌 미술관이 여러 가지 의미에서 전환점이었다. 우선 돌이라는 물질과 조우했다. 지구 탄생의 수수께끼로까지 이어지는 돌이라는 깊은 세계와 상대할 계기가 되었다. 묵직한 볼륨이 되기 쉽다는 성가신 악폐를 가진 돌을 만남으로써 오히려 점의 의미, 점의 가치를 의식하기 시작했다. 돌은 나에게 점의 세계로 들어가는 문을 열어주었다.

브루넬레스키의 파란 돌

다음으로 만난 돌은 피렌체 교외 채석장에서 캐는 피에트라 세레나pietra serena다. 푸른 기가 살짝 도는 이 회색 사암은 점의 세계를 더욱 깊게 만들어주었다. 채석장을 소유한 석공이 피에트라 세레나를 사용해 작은 파빌리온을 만들어달라며 일부러 이탈리아에서 찾아왔다. 여행 가방에 고이 넣어 가져온 피에트라 세레나는 맑은 돌이라는 뜻처럼 차분한 청회색이어서 한눈에 호감이 갔다.

애플의 창업자 스티브 잡스는 피에트라 세레나를 유독 좋아해 모든 애플 스토어 바닥을 이 돌로 마감하도록 지시하기까지 했다. 역사를 거슬러 오르면 돌 피에트라 세레나가 건축에서 한 역할이 의외로 크고 깊다.

르네상스 최초의 건축가 필리포 브루넬레스키Filippo Brunelleschi, 1377-1446도 이 돌을 즐겨 사용했다. 브루넬레스키는 그때까지 누구도 시도하지 않은 독특한 방법으로 돌을 사용했다. 우선 돌로 구조 프레임기둥, 보, 아치을 만들고 프레임의 틈을 하얀 회반죽으로 단순하게 메웠다. 마치 하얀 종이 위에 파란 펜으로 선을 그리듯 건축을 했다.

사실 브루넬레스키 건축은 당시 일반적이었던 조적조 벽으로 지탱되었지 프레임 구조로 지탱되는 게 아니었다. 콘크리트나 철골 프레임으로 건축을 지탱하게 된 건 19세기 이후의 일이다. 프레임 구조란 곧 선의 구조였다. 19세기 이전 유럽에서는 돌이나 벽돌을 쌓아 올려 만드는 조적조가 주류였고, 15세기의 브루넬레스키도 조적조라는 기술 제약 속에서 묵직하고 닫힌 볼륨의 건축물을 짓지 않을 수 없었다.

브루넬레스키는 그런 제약 속에서도 선의 건축을 꿈꾸었다. 그의 머릿속에는 다가올 선의 건축 시대가 틀림없이 그려졌으리라. 그러므로 하얀 회반죽벽에 피에트라 세레나로 가는 선을 그린 것이다. 피에트라 세레나 특유의 푸른빛을 띤 회색조는 날카로운 선을 그리는 데 어울렸다. 그는 백색 종이 위에 파란 잉크로 선을 그린 듯한 수학적이고 추상적인 인상을 건축에 주고자 했다. 철골로 된 선의 건축을 짓기 훨씬 전부터 이미 청백색 피에트라 세레나를 소재로 선의 건축을 달성한 그였다.㉒

브루넬레스키 다음 세기에 등장해 르네상스 전성기의 중심이 된 미켈란젤로 부오나로티Michelangelo Buonarroti, 1475-1564도 마찬가지로 피에트라 세레나를 좋아했다. 피렌체 라우렌치아나 도서관Laurentian Library 홀에는 하얀 벽에 난 프레임을 향해 피에트라 세레나의 푸른 계단이 이어진다.㉓ 이 계단은 세계에서 가장 아름다운 계단이라는 찬사를 받았다.

브루넬레스키도 미켈란젤로도 모두 당시의 조적조 기술에 구속되면서도 미래에 다가올 프레임 구조의 시대,

㉒　필리포 브루넬레스키, 이노첸티 고아원, 1445년

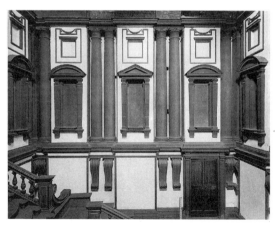

㉓　미켈란젤로 부오나로티, 라우렌치아나 도서관, 1552년

② 조셉 팩스턴Joseph Paxton, 수정궁, 1851년

즉 선의 시대를 예고하는 듯한 선의 건축을 했다. 그들은 분명 선의 예언자였다. 그 예언에 가장 적합한 물질로 피에트라 세레나를 선택했다. 심지어 그 돌은 두 건축가가 활약한 피렌체 근처 채석장에서 나왔다. 건축가의 수학적이고 추상적인 발상과 그들 지역의 소재를 신이 연결해주었다. 건축은 그렇게 장소와 우주를 연결하고 물질과 개념을 이어준다.

그들 예언대로 프레임 시대는 300년 후에 도래했다. 철골이나 콘크리트 프레임으로 건축을 지탱하고 프레임 사이를 유리나 벽으로 메운 건축은 19세기 후반 이후 서양 건축의 주류가 되었다.② 선의 기술을 도움받아 초고층 건축이 가능해지면서 20세기 도시와 문명이 탄생했다. 브루넬레스키와 미켈란젤로가 피에트라 세레나를 사용해 그린 예언은 수백 년의 오랜 사정거리를 갖고 있었다.

브루넬레스키의 점 실험

볼륨조적조에서 선으로 이어지는 흐름을 이끈 브루넬레스키는 선에 도전하는 데 그치지 않고 점에 관해서도 아주 흥미로운 실험을 했다. 피렌체 산타 마리아 델 피오레 대성당Cattedrale di Santa Maria del Fiore은 그의 대표작으로 꼽히는 돔 건축에서 기술적 어려움을 돌파한 사례로 유명하다. 성당 위 대형 돔, 큐폴라cupola는 점의 가능성을 시험한 대규모 작업이었다.㉕

　　고대부터 기둥이 없는 역동적 내부 공간과 하늘로 솟은 상징적 외관을 동시에 달성하는 수단으로 돔을 많이 만들었다. 돌이나 벽돌이라는 작은 점을 쌓아 올려 커다란 볼륨을 완성하는 수단, 그러니까 점과 볼륨을 잇는 신기로운 공법으로 돔은 오래전부터 중히 여겨졌다.

　　그러나 돌 무게 때문에 만들 수 있는 돔 크기에 제약이 있었다. 모르타르mortar를 바른 돌 사이 접착력이 돌 무게보다 상대적으로 약하면 자체 무게에 붕괴되고 만다. 점이라 해도 무게가 있다. 점 건축이 지닌 숙명적 결함이 거기에 있다. 중세에는 지름 30m를 넘는 돔을 만들기란 불가능하다고 생각했다. 점을 볼륨으로 도약시키는 데 물리적으로 한계가 있어서다. 돌은 아무리 머리를 굴려 쌓

㉕ 필리포 브루넬레스키, 산타 마리아 델 피오레 대성당, 1436년

아도 30m 한계를 넘어설 수 없었다.

　　그 한계를 넘어 점의 숙명을 넘어선 건축이 산타 마리아 델 피오레 대성당의 대형 돔이다. 그 어려운 일을 해낸 사람이 천재 브루넬레스키였다. 이 자랑스러운 피렌체 사람은 섬유 산업과 금융업의 부흥으로 이탈리아에서 경제적 문화적 중심이 된 화려한 도시에 지름 30m의 아담한 중세 양식 돔은 아무래도 부족하다고 생각했다. 곧장 20세기 초고층 건축으로 이어지는 볼륨 지상주의가 신흥 도시 피렌체에 싹텄다.

　　피렌체 정부가 1418년에 개최한 돔 디자인 공모전에서 브루넬레스키는 격렬한 찬반논쟁을 일으킬 만큼 획기적인 아이디어를 제출하면서 승자가 되었다. 정작 자신은 완성된 대성당을 볼 수 없었지만 그의 제안을 토대로 여러 장애물을 넘어 화려한 도시에 어울리는 지름 43m, 높이 120m짜리 대형 볼륨이 완성됐다. 그만큼 난도가 높고

㉖ 리브를 설치한 이중 돔

시대를 앞선 설계안이었다. 대형 돔을 가능하게 한 것은 리브rib, 갈비뼈 모양의 가는 보강재가 달린 이중 돔 아이디어다.㉖ '리브=선'을 끼워 넣어 점과 볼륨을 계층적으로 연결했다.

　브루넬레스키는 선의 가능성을 처음으로 알아챈 건축가였다. 선에 보인 관심과 집착은 피에트라 세레나 파사드가 길게 이어지는 이노첸티 고아원Ospedale degli Innocenti을 비롯해 그의 모든 작품에서 찾아볼 수 있다. 브루넬레스키는 선을 매개로 하면 점과 볼륨이 매끄럽게 연결된다는 원리를 직감적으로 이해했다. 그 직감에 구체적 실마리를 준 계기가 고대 로마의 선 건축과 조우한 일이었다.

　돔 공모전이 정식으로 고시된 후 고대 로마 유적을 방문한 그는 고대 건축 양식의 기둥을 연구했다. 그 과정에서 고대 로마 건축이 구조에서도 디자인에서도 기둥이라는 선을 사용해 거대한 볼륨을 실현했다는 사실을 발견한다. 고대 로마 건축은 세계제국 로마라는 거대한 사

㉗ 카라칼라 목욕탕 재현도 속 거대 기둥

회가 요구하는 대형 볼륨을 만들기 위해 고대 그리스에서 시작된 선의 아이디어를 최대한 전개했다.

로마인은 밋밋하면서도 거대한 벽면에 필라스터를 붙였고, 2층 이상의 건축물을 짓기 위해 층을 넘어선 거대 기둥giant order을 발명했다.㉗ 이 기다란 선 덕분에 높고 큰 건물도 느슨하지 않고 리드미컬하게 디자인할 수 있게 되었다. 고대 로마인은 확대된 사회가 요청하는 거대한 볼륨을 길고 강한 선으로 해결했다.

브루넬레스키는 로마 유적에서 발견한 선을 공모전에 그대로 응용했다. 그렇게 선을 다양하게 조합하고 짜며 건물 강도를 높였다. 우선 목재 60개를 강철 띠와 볼트로 결합해 수평 링을 만들고, 그것으로 돔 아랫부분을 단단히 죄어 돔이 흐트러지지 않도록 했다.

그다음 리브로 지지한 돔을 이중으로 겹쳐 더욱 튼튼하게 고정했다.㉘ 리브 구조물을 안쪽 돔과 바깥쪽 돔에

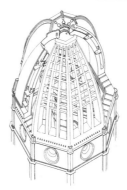

28 리브가 지지하는 이중 돔

이중으로 짬으로써 돔은 지름 30m 제한에서 해방되었고,
120m 높이에 이르는 압도적인 볼륨이 가능해진 것이다.
선을 짜는 기술을 앞세워 성장한 섬유 산업 도시 피렌체
에 어울리는 유연한 건축술의 발명이었다.

브루넬레스키의 귀납법

브루넬레스키의 공모전 설계안에서 한 가지 더 주목할 부분은 비계 없이 돔을 만드는 획기적인 공법이다. 비록 리브를 점과 볼륨을 잇는 선의 매개로 삼았다고 해도 리브와 리브 사이는 끈기 있게 점벽돌으로 메우지 않으면 안 된다. 어떻게 해서든 최후에는 점과 볼륨을 억지로 잇는 도약이 필요하다. 브루넬레스키는 그 숙명적인 어려움을 어떻게 해결했을까?

아주 작은 점자갈, 모래, 시멘트을 단숨에 볼륨으로 도약시킬 마법과 같은 해법은 20세기에서 가장 일반적인 공법이 된 현장타설 콘크리트였다. 이 공법이면 돌이나 벽돌을 일일이 쌓는 품을 줄일 수 있다. 그런 의미에서 콘크리트는 마술적인 동시에 태만한 공법이었다.

20세기 건축은 마술과 태만을 결합하는 데 성공했다. 그 때문에 20세기 사람들이 마약에 중독되듯 콘크리트 건축에 빠져든 것이다. 자연스러운 결과로 보이지만 콘크리트는 실은 마술과 태만을 사랑하는 시대에 안성맞춤인 소재였을 뿐이다. 그 소재는 순식간에 모두가 꿈꾸는 성을 선사했다. 20세기 사람들은 콘크리트로 견고한 성을 짓고 소유하는 일에 이상할 정도로 과한 열정을 보였다.

㉙ 가설 비계

사실 콘크리트 시대에 점에서 볼륨으로 도약한 일은 가설 비계가 있었기에 가능했다.㉙ 비계는 가부키歌舞伎 무대에서 구로고黑子, 눈에 띄지 않게 검은 옷을 입고 배우 뒤에서 연기를 돕는 사람 같은 보조 역할을 하는 보조선이다. 비계가 없으면 결코 콘크리트 건축물을 지을 수 없으니 마법은 일어나지 않는다. 선쇠파이프을 짜기만 해도 간단히 비계를 설치할 수 있으니 현장타설 콘크리트가 20세기를 지배할 수밖에 없었다. 설치해놓고 볼일이 끝나면 바로 해체하는 선의 건축이 점을 볼륨으로 도약시켰다.

반면 돔을 만들 때 같은 크기만 한 목조 가설 비계를 세우고 그 위에 돔 모양의 목조 형틀을 짠 다음 벽돌을 올린다. 수직 벽을 쌓을 때보다 훨씬 힘든 작업이다. 그 결과 돔 내부가 비계로 가득 차 흡사 비계의 숲 같은 꼴이 된다. 브루넬레스키는 비계와 형틀을 만드는 귀찮은 과정을 어떻게 하면 생략할 수 있을지 과감하게 도전한 것이다.

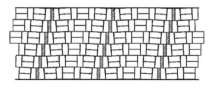

㉚ 벽돌을 비켜 쌓아 만든 선

참신하게도 브루넬레스키가 찾은 해법은 벽돌을 비켜 놓으며 쌓는 방법이었다. 벽돌은 점이라 해도 크기가 있으므로 살짝 비켜 놓아 위쪽 벽돌이 아래쪽 벽돌보다 팔을 더 뻗도록 쌓을 수 있다. 이를 계속해나가면 최종적으로 숲을 이룬 비계 없이도 큰 돔볼륨을 건설할 수 있다. 이를테면 점이었을 벽돌을 비켜 놓는 기법으로 선을 만들어 이용한 것이다. ㉚

이는 수학적 귀납법을 상기시키는 획기적 방법이었다. n으로 성립하는 것이 n+1에서도 성립하는 것을 보이면 결국 그것을 무한히 반복해도 성립한다는 것이 귀납법의 논리 구조다. 브루넬레스키는 건축적 귀납법을 발명했다고 할 수 있다.

건축에서의 연역법과 귀납법

건축에도 연역적 접근과 귀납적 접근이 있다. 20세기 콘크리트 건축은 연역법이었다. 전체 형태의 이미지가 있고 그 형태를 실현하기 위해 부분을 구성하는 소재나 결합 방식이 결정된다. 부분은 전체에 복종하지 않으면 안 된다. 콘크리트 건축에서는 모든 부분이 전체에 종속했다.

브루넬레스키 방법은 부분에서 전체에 도달하려는 귀납법이었다. 부분의 성질, 그 한계를 철저히 밝혀낸 다음 그 부분끼리 서로 연결해 상위 단계로 올라간다. 그렇게 겹겹이 쌓은 끝에 예상하지 못한 전체가 모습을 드러낸다. 그것이 귀납법이다. 귀납법은 때로 놀랍고 상상을 뛰어넘는 결과를 가져온다. 콘크리트 이후 건축에서는 연역법이 아니라 귀납법을 많이 사용하게 될 것이다. 컴퓨테이셔널 디자인으로 가능해진 가산적 건축은 귀납법과 궁합이 아주 잘 맞기 때문이다.

브루넬레스키는 귀납법의 효과를 알고 있었다. 점을 귀납법으로 확장해 선에 도달하고 선을 매개로 볼륨에 도달했다. 선의 효과를 숙지하고 선을 철저하게 활용한 결과다. 아마도 금세공사로 일한 그의 경력과 관계가 있으리라고 짐작한다. 그는 건축을 하기 전 금세공 기술을 배웠다. 돌이나 벽돌이 본질적으로 점인 데 반해 금속은 본질적으로 선이다. 그 경험에서 배운 선의 마법, 선의 힘을 건축 세계에 가지고 들어간 것이다.

브루넬레스키 이후 건축사는 금속의 등장으로 새롭게 열렸다. 금속이 등장하면서 역사는 크게 바뀌었다. 금속과 선은 떼려야 뗄 수 없다. 무쇠 기둥을 비롯해 철이 만드는 선으로 커다란 공간이 실현되고 건축 스케일이 확대되었다. 독일의 재상 오토 폰 비스마르크Otto von Bismarck, 1815–1898가 남긴 "철은 국가다."라는 말은 금속 선이 공간을 확대하는 데 얼마나 도움이 되었는지 말해준다. 실제로 19세기 독일의 약진 속에서 철이 큰 역할을 했다. 콘크리트는 얼핏 금속과 관계없어 보이지만 사실 콘크리트 안에 철근이 없으면 구조가 성립하지 않는다. 모래, 자갈, 시멘트 가루 등 작은 점을 철근이라는 선이 묶고 있다. 건축의 근대화란 건축의 금속화이고 선형화였다. 그 첫걸음이 금세공사 브루넬레스키가 건축가로 전신한 일이었다.

브루넬레스키는 대성당 공사 현장에서 비계를 생략하기 위해 벽돌을 다시 디자인했다. 크기를 키우고 두께를 얇게 줄여 굽자 벽돌 간 비켜 놓기가 가능해졌고, 다음 벽돌의 캔틸레버cantilever가 생겼다. 일본에서 곤약 벽돌이라고 하는 이 납작한 벽돌은 점이면서 선에 살짝 다가갔다.

한편 벽돌을 지그재그로 쌓아 벽돌 사이의 접착 강도를 높였다. 이 헤링본herringbone, 청어 뼈㉛ 역시 점 안에 선을 슬쩍 끼워 넣는 교묘한 기법이다. 이로써 청어 뼈가 살

③1 산타 마리아 델 피오레 대성당에 삽입된 헤링본

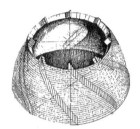

③2 헤링본 방식으로 쌓은 돔

에 박힌 듯 점 집합체가 서로 달라붙는 성질이 한층 강해졌다. 어떤 형태의 뼈선를 삽입하면 강인해지고 유연한 신체를 형성할 수 있는지 학습한 결과가 헤링본이었다. 동물의 유연함을 건축에 도입한 셈이다. 그는 그 유연함을 금속에서 배웠음이 틀림없다.

　　브루넬레스키는 벽돌을 돔의 수평 원호를 따라 회전하며 헤링본 방식으로 쌓았다.③2 약간씩 비켜 놓기가 한 바퀴 도는 사이 크게 비켜지면서 캔틸레버가 생겼다. 덕분에 비계를 전혀 이용하지 않아도 되어 커다란 돔을 경제적으로 시공할 수 있게 되었다.

폴리에틸렌 탱크와 날도래

나는 브루넬레스키로부터 비켜 놓기를 이용해 점을 선으로, 귀납법적으로 전환하는 방법을 배웠다. 워터 블록Water Block이라 명명한 파빌리온을 만들 때 점을 쌓는 조적조에 도전하고 그로부터 1년 뒤 워터 브랜치 하우스Water Branch House를 설계하면서 조적조에 비켜 놓기를 더해 브루넬레스키에 가깝게 진화했다. 나도 비로소 점에서 선으로 넘어가는 진화를 경험했다.

어느 날 폴리에틸렌 탱크를 쌓아 만든 바리케이드를 보고 파빌리온 아이디어가 떠올랐다.㉝ 속이 빈 폴리에틸렌 탱크를 옮겨와 물을 넣으면 무거운 바리케이드로 변신해 태풍이 불어도 끄떡없다. 다른 장소로 운반할 때는 물을 빼기만 하면 된다. 점의 무게를 자유롭게 바꿀 수 있으니 마법 같은 건축이라고 생각했다. 건축은 한번 완성하면 움직일 수 없고 모양도 바꿀 수 없다고 누구나 그렇게 알고 있다. 확실히 한번 세우면 모양도 무게도 모두 바꿀 수 없다. 공사 현장용 폴리에틸렌 탱크는 이런 상식에 대담하게 도전하는 것처럼 느껴져 흥분되었다.

무게가 바뀌는 작은 점, 계속 진동하는 점을 어떻게 쌓으면 새로운 건축으로 만들 수 있을까? 제일 처음 떠오

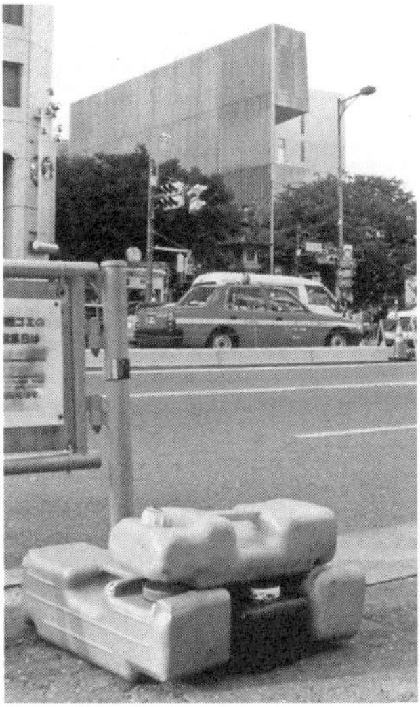

㉝ 폴리에틸렌 탱크로 만든 바리케이드

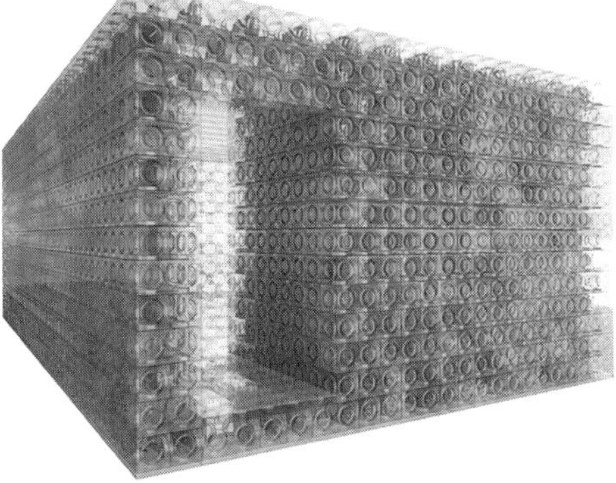

㉞ 워터 블록, 2007년

른 생각은 레고를 쌓듯 차곡차곡 얹는 워터 블록이다.㉞ 레고는 조적조의 본고장 유럽 덴마크에서 발명된 만큼 벽돌을 쌓아 올리는 점의 방법이다. 다만 벽돌을 붙이는 데 사용하는 모르타르 대신 나무와 나무를 연결할 때처럼 요부凹部와 철부凸部를 끼워 맞춰 고정한다. 이 요철 이음법은 일본에서 인롱印籠, 과거 허리춤에 매달아 휴대하던 작은 갑 뚜껑에도 이용되어 일본에서는 인롱 연결 방식이라고 부른다.㉟ 참고로 인롱은 에도江戶 시대를 배경으로 한 텔레비전 시대극 〈미토코몬水戶黃門〉에서 등장인물의 신분을 밝히는 도구로 자주 등장해 친숙한 도구다.

레고 회사의 전신은 목공소다. 의외로 들리겠지만 레고가 목조 연결법과 조적조를 결합한 원리라는 사실을 알면 이해되는 부분이다. 세계적으로 유명한 조립식 플라스틱 장난감은 동서양의 조합으로 탄생했다.

레고를 수직으로 쌓아 벽을 만드는 일은 간단해도 그 위에 지붕을 얹는 건 어렵다. 지붕 없이 파빌리온을 만들 수 없으니 벽과 벽 사이에 보를 걸치지 않으면 안 된다. 결국 바닥이나 지붕에만 나무 프레임을 사용하는 서양식 벽돌조와 석조 건축이 된다.㊱ 우리가 목표 삼은 건 단 하나의 단위이고 모든 부분을 조립해 완성하는 파빌리온이었다. 다른 부재에 의존하지 않고서는 파빌리온을 세우기 어렵다면 범용성에 문제가 생기고 아름다운 수학 구조라고 말할 수 없다. 하나의 재료 단위만 가지고도 건물을 지을 수 있다면 혼자서 만드는 서민 건축도 실현 불가능한

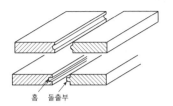

홈   돌출부

�35 인롱 이음법

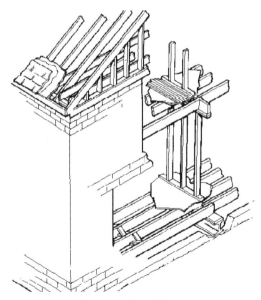

㊱ 서양 벽돌조 건축

꿈이 아니게 된다.

　동물의 집은 단위 하나만으로 전체를 만든다는 점에서 아름답다. 단위 하나 동작 하나로 완결되는 전체는 아름답고 자연스럽다. 가장 흥미로운 예가 날도래라는 작은 유충의 집이다.㊲ 날도래는 가까이에 있는 소재 하나만으로, 몸을 회전시키는 동작 하나만으로 아름다운 집을 만들어낸다. 사용하는 소재는 장소에 따라 다르다. 자연히 형태도 그때마다 다르다.㊳ 그런데도 동작은 하나이고 기법도 하나다. 집이면서 날도래의 의복 같기도 하고 날도래의 몸통 같기도 하다. 기법의 단순함, 망설임 없는 움직임에서 집이 마치 날도래와 하나 된 느낌이다.

　나도 신체와 같은 건축물을 짓고 싶다고 생각하며 내내 날도래를 동경했다. 가까이에 있는 작은 점이라면 무엇이든 재료가 된다는 유연성, 관용성도 매력적이었다. 20세기에는 먼 곳에 있는 값싼 소재를 사용하는 방식이 기본이었다. 수송할 때 대량 배출되는 이산화탄소는 문제되지 않았다. 그 결과 모든 건축이 똑같아지고 장소 개념이 사라졌다. 우리는 다시 한번 날도래를 모방해 가까운 소재, 가까운 점으로 회귀하지 않으면 안 된다. 장소를 되찾지 않으면 안 된다.

　날도래와 브루넬레스키에게서 힌트를 얻어 만든 작품이 워터 브랜치다.㊴ 2008년 뉴욕 현대미술관MoMA에서 피자 배달처럼 간단히 만들어 옮기는 건축을 주제로 홈 딜리버리 전람회를 기획했다. 그때 워터 블록을 발전

㊲ 날도래 집

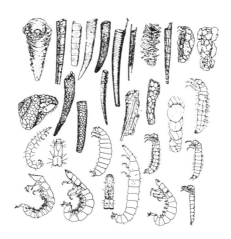

㊳ 여러 가지 형태의 날도래 집

㊴ 뉴욕 현대미술관에 출품한 워터 브랜치 유닛

시켜 워터 브랜치를 출품했다. 피자처럼 배달할 수 있는 서민의 집에는 날도래의 집 같은 형태와 방식이 어울린다고 생각했기 때문이다. 폴리에틸렌 탱크를 쌓고 나니 들쭉날쭉한 느낌이 나뭇가지branch처럼 보여 블록 대신 브랜치로 이름 지었다.

워터 브랜치라면 비켜 놓으며 쌓을 수 있다. 브루넬레스키가 만든 크고 얇은 벽돌처럼 조금은 선에 다가간 점이기 때문에 비켜 놓기가 쉬웠다. 어느 방향으로든 자유롭게 확장할 수 있어 가로세로로 마음껏 쌓다 보니 더욱 단단한 구조체가 되었다.

점과 세계를 이으려는 사이, 나는 어느새 선에 다다르고 선을 짜기 시작했다. 점에서 선으로 도약하고 선을 기본 단위로 짬으로써 세계에 도달하기 쉬워졌다.

워터 브랜치는 점과 선의 중간으로, 선이라 부르기에 너무 짧고 그렇다고 완전한 선이 되지 않는 점이 재미있다고 생각했다. 그런 의미에서 워터 브랜치는 선이 아니라 선분이다. 기다란 선형 물체는 운반하거나 조립하기 어렵다. 선분이라면 운반도 시공도 용이하다. 워터 브랜치는 점과 선 사이를 진동하며 점과 세계를 연결한다.

액체로 점을 잇다

워터 브랜치를 계기로 나는 점과 선을 연결할 방법을 찾기 시작했다. 그와 동시에 블록에서 브랜치로 또 하나의 큰 도약이 있었다. 브랜치끼리, 다시 말해 점과 점이 액체로 이어졌다.

워터 블록에서는 물을 넣고 뚜껑을 닫았기 때문에 흐를 일이 없었지만 워터 브랜치 유닛 안에는 비로소 워터라는 이름대로 물을 흘릴 수 있었다. 물은 브랜치 유닛이 이어진 길을 따라 자유롭게 흘렀다. 벽, 바닥, 지붕을 차례로 흐르며 전체가 온전히 이어졌다. ⓸⓪ ⓸①

이처럼 물이 흐르느냐 고이느냐에 따라 차이가 크다. 물이 살았는지 죽었는지의 차이다. 파빌리온 바깥에 열효율을 높여줄 배열회수장치를 설치하고 태양열로 데운 물을 순환시켰다. 따뜻한 피가 몸속을 돌아 체온을 높이듯 파빌리온 전체가 서서히 따뜻해졌다. 물이 흐르면서 건축이라는 단단한 세계 안에서도 생체 현상이 일어났다. ⓸②

액체를 매개로 브랜치와 브랜치가 연결되고, 점이었을 것이 끊어지지 않고 선으로 이어져 네트워크를 이루었다. 날도래도 점과 점의 접합에서 액체를 능숙하게 활용한다. 입에서 분비되는 액체를 발라 점과 점을 부드럽게 잇

㊵ 워터 브랜치 하우스, 2009년   ㊶ 워터 브랜치 안에서 순환하는 물

㊷ 워터 브랜치 하우스 내부

고 의복과 건축의 중간체 같은 집을 만들어낸다.

천과 같은 원리다. 씨실과 날실이 흩어지지 않고 이어지며 선이 일필휘지로 지나기 때문에 선이면서도 면의 강력함을 갖는다. 액체가 그 안을 흐르면서 워터 브랜치가 선을 넘어 하나의 천, 하나의 면이 되었다고 느꼈다. 액체로 점과 선과 면이 서로 삽입되는 관계가 만들어졌다.

점과 점이 물리적으로 구조적으로 연결되는 대신 액체 흐름으로 연결되었다. 건축이란 통상 고체 세계에 속한다. 그러나 생물 세계를 보면 세포라는 점이 액체의 흐름으로 연결된다. 생물이란 고체이면서 액체다. 액체를 통해 강도를 확보하고 액체를 이용해 에너지와 정보를 교환한다. 혈관과 같은 파이프를 사용하지 않아도 액체만으로 점과 점, 세포와 세포가 하나로 연결된 것이 생명이다.

생물 세계에서는 점과 점을 연결하는 데 액체가 대단히 중요한 역할을 한다는 걸 다시금 확인했다. 점을 자유롭게 유지하며 액체로 연결되어 연대한다. 건축 세계도 슬슬 개체 상태를 졸업하고 액체 세계에 돌입해도 좋은 때다. 건축에서는 아직 액체가 배관 안에서만 흐른다. 액체가 주역이 되면 배관에서 튀어나와 건축이 다른 세계로 도약한다. 워터 브랜치에서 그런 반응을 느낄 수 있었다.

신진대사와 점

1960년대 일본에서 일어난 메타볼리즘Metabolism 운동을
계기로 건축에서 생물을 모델로 삼기 시작했다. 메타볼리
즘이란 생물의 신진대사를 말하는데 건축도 사회 변화, 사
용 변화, 규모 변화에 따라 신진대사를 원활히 해야 한다
는 내용이 메타볼리즘 건축가―아사다 다카시浅田孝, 기쿠
다케 기요노리菊竹清訓, 구로카와 기쇼黑川紀章, 1934-2007, 오
타카 마사토大高正人, 에쿠안 겐지榮久庵憲司, 아와즈 기요시
粟津潔, 마키 후미히코槇文彦―의 주장이었다. 그들은 한 번
쓰고 버리는 스크랩 앤드 빌드Scrap and Build 대신 부품을
교환하거나 더하고 빼며 생물처럼 느긋하게 변화하는 건
축을 제안했다. 메타볼리즘 선언을 발표한 1959년은 일본
이 고도성장의 정점을 눈앞에 둔 시기다.
　　젊은 건축가를 필두로 선보인 환경의 시대를 선취하
는 듯한 대담한 제안과 디자인은 세계에서 좋은 평가를
받았고 일본 건축가의 지명도를 단숨에 올려놓았다. 하지
만 드로잉까지는 좋았으나 실현된 메타볼리즘 건축을 본
사람은 낙담했고 메타볼리즘 운동은 단명에 그쳤다. 나는
캡슐이라는 커다란 점을 단위로 삼은 게 실패 원인이었다
고 생각한다. 그들은 캡슐을 단위로 사무실, 집, 호텔을 만

㊸ 구로카와 기쇼, 나카긴 캡슐 타워, 1972년

들고, 캡슐을 교환함으로써 건축에 신진대사를 일으키고
자 했다. 메타볼리즘이란 캡슐 건축의 다른 이름이었다.

사실 캡슐의 신진대사, 그러니까 교환하기란 물리적
으로 상당히 힘든 일이다. 시내에 대형 크레인을 끌고와
묵직한 캡슐을 떼어내고 붙이는 게 여간 어려운 일이 아
니다. 메인 배관과 캡슐을 잇는 배관을 다시 연결하는 데
도 장애가 많았다. 메타볼리즘 대표작으로 알려진 구로카
와 기쇼의 나카긴中銀 캡슐 타워는 준공 이후 캡슐을 교체
한 적이 없다.㊸ 결국 캡슐 건축의 신진대사는 건축가의
망상이라며 비판을 받았다.

메타볼리즘이 실패한 원인에 지나치게 큰 신진대사
단위가 있다는 게 생물학자 후쿠오카 신이치福岡伸一와 내
가 내린 결론이다. 캡슐 교체는 동물로 말하자면 장기 이

식이다. 동물은 장기를 교체하며 신진대사를 하지 않으니 과장된 내용이다. 후쿠오카는 세포로 된 작은 점을 조금씩 교체하며 메타볼리즘을 완만히 이어가는 것이 생물이라고 지적한다. 후쿠오카 말대로 생명이란 흐름이고 모든 것은 흐르며 동적 균형을 달성한다는 것이 현대 생물학이 깨달은 생명관이다. 20세기 초까지 생물학에서는 생물을 장기로 보고 커다란 점을 단위로 삼는 정적 균형으로 파악했다. 장기를 단위로 하는 생명관은 이미 과거 개념이다. 들뢰즈와 펠릭스 가타리Félix Guattari, 1930-1992는 프랑스 시인 앙토냉 아르토Antonin Artaud, 1896-1948가 주장한 '기관 없는 신체'를 『안티 오이디푸스─자본주의와 분열증』의 중심 개념으로 삼고 기관론적 생명관을 부정했다. 아르토도 틀림없이 기관도 캡슐도 너무 크다는 사실을 직감했을 것이다.

점을 점점 작게 하고 그 주위의 액체나 기체를 매개로 이용하면 좌절한 메타볼리즘 건축을 부활시킬 수 있을지 모른다. 액체로 연결된 워터 브랜치는 새로운 메타볼리즘의 첫걸음이라고 할 수 있다.

새로운 메타볼리즘에서는 건축이 멈추는 일 없이 계속해서 흐르지 않으면 안 된다. 벽돌이나 콘크리트 블록도 작은 점이기는 하나 점을 교체하려면 모르타르를 떼어내는 폭력적인 대수술이 필요하다. 게다가 벽돌이나 블록과는 별도로 공기 배관이나 물이 지나는 파이프가 없으면 흐름이 생기지 않는다.

워터 브랜치에서는 연결된 브랜치 유닛 안으로 물이 흘러서 주고받는 것처럼 액체를 매개로 세포끼리 열이나 에너지를 전달할 수 있다. 배관도 파이프도 필요하지 않다. 구로카와의 나카긴 캡슐 타워는 배관이나 파이프를 교체하지 못해 좌절했다. 액체로 작은 점을 연결하면 배관이나 파이프가 없어도 점과 점이 하나의 신체를 구성하고 신체 안에 다양한 것이 계속 흐르게 된다. 메타볼리즘은 생물에서 배우려고 했으나 배우는 방법이 도식적이고 어중간했다. 워터 브랜치에 앞서 새로운 생물적인 건축물을 짓는 일도 마냥 꿈은 아니다.

선이라 부를 정도로 얇은 돌

브루넬레스키가 사랑한 피에트라 세레나 이야기로 화제를 돌리자. 석공 살바토레에게 이 돌을 이용한 파빌리온 설계를 의뢰 받은 나는 점으로 취급했던 돌을 선으로 도약시킬 방법을 찾았다. 브루넬레스키의 비켜 놓기라면 파빌리온이 묵직해지기 때문이다. 석공은 수송 가능한 가벼운 파빌리온을 원했다. 돌을 극한까지 얇게 잘라 선을 만들어 조합한다면 그의 난문에 답할 수 있을지도 모른다.

트럼프 카드로 작은 삼각형을 쌓아 만드는 카드 성에서 힌트를 얻었다.㊹ 아무리 가느다란 선이라도 세 변 길이가 정해지면 삼각형을 형성해 굳건한 구조체가 된다. 철이나 목재 등 선재를 짜 올리는 트러스 구조는 고대 로마 때부터 삼각형 원리를 훌륭하게 활용한 구조다.㊺ 철도 나무도 길이에 한계가 있으니 정확히는 선이 아니라 점과 선의 중간인 선분이다. 선분을 삼각형 원리로 접합하고 강한 선으로 변환하는 기술인 트러스를 돌에 응용해 선이라 부를 만큼 얇게 잘라 카드 성을 완성했다.㊻㊼ 장소마다 내세우는 재료가 다르다. 이탈리아였기에 돌로 된 투명한 성이 탄생했다. 이탈리아 석공은 일본 목수처럼 요령 있게 얇게 자른 돌로 투명한 성을 만들었다.

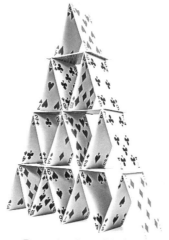

44 트럼프 카드로 쌓은 성

45 트러스 구조

46 돌로 만든 카드 성, 2007년

47 얇게 자른 피에트라 세레나

일본 기와와 중국 기와

피에트라 세레나를 만나 브루넬레스키가 벌인 점과 선과의 격투를 재발견했듯 새로운 재료와의 만남은 우리를 새로운 단계로 이끌어준다.

재료는 늘 타자로서 출현한다. 타자와 정면으로 대결함으로써 다음 지평으로 나아간다. 중국 민가에 사용하는 지붕도 그런 의미에서 나에게는 타자였다. 중국 기와를 만나면서 점 건축의 다음 단계가 시작되었다.

중국에서 건축을 디자인하는 일은 절대 쉽지 않다. 일본에서처럼 높은 정밀도를 요구하면 반드시 실패한다. 시공의 정밀도 이전에 현장으로 가져오는 재료 수치가 무척이나 고르지 않아 일본 건축가는 반입된 재료 상당수가 불규칙하다는 사실에 당황하게 된다.

나도 처음 중국에서 일할 때 몇 번이고 맥이 풀리고 심한 타격을 입었다. 그러다 어느 날 생각이 바뀌었다. 오히려 고르지 않은 재료를 살린 디자인도 있지 않을까 하고 생각을 180도 바꾼 것이다.

그렇게 생각하니 중국에서 일하는 것이 즐거워졌다. 부탁하지 않아도 고르지 않은 재료가 흘러넘쳤고 나중에는 더욱 고르지 않은 재료를 찾기 시작했다. 그중 가장 마음에 든 재료가 중국 민가에 사용하는 기와였다.

항저우와 신진에 세운 두 미술관에서 중국 기와의 가능성을 제대로 시험했다. 두 장소 모두 주변에 전형적인 중국 전원 풍경이 펼쳐졌다. 기와지붕을 얹은 전통 민가가 풍경을 구성하는 기본 단위였다. 다가가서 기와를 살펴보면 흥미로울 만큼 색, 모양, 치수가 제각각이었다.

그 전원 풍경 속에 때때로 하얀 연기가 피어올랐다. 기와를 굽는 야외 가마에서 나오는 연기였다. 들판 한복판에 벽돌과 흙으로 작은 가마를 만들고 거기에 장작을 지펴 기와를 구웠다. 지금까지도 원시적인 방법을 고수해 기와를 굽기에 그렇게 아름다운 불규칙이 생겨난 것이다.

일본 기와는 대부분 대형 공장에서 기계로 구워 만든다. 당연히 치수가 불규칙한 경우는 거의 없다. 치수가 불규칙하면 안 된다. 일본인의 꼼꼼함과 발달된 공업 기술이 합세해 중국 기와와는 정반대로 정밀도와 균일성의 정점에 도달했다.

그런 탓에 일본 민가 지붕은 완전히 밋밋해져버렸다. 지붕은 애초에 살아 있는 점이고 점이 리듬감을 만들면서 지붕에 표정과 스케일감이 생기지만, 공업 제품인 일본 기와는 조금도 점이라는 느낌을 주지 않는다. 일본 기와 지붕에서는 회색칠만 보이고 점의 리듬감, 점의 약동감은 어디에도 존재하지 않는다.

기와 형상까지 밋밋한 느낌을 한층 더한다. 기와는 곡면으로 성형해 구운 도자기 판을 위아래 교대로 짜 맞쳐 빗물을 막는 형식이다.⑱ 서양에서도 아시아에서도 이런 기본형에서 출발했다. 일본에서는 암키와平瓦 위에 올리는 숫키와丸瓦 단면의 곡률을 키워 요면凹面과 철면凸面의 음영을 강조한 조합을 본기와本瓦라 부른다. 나라 시대 이래 본기와는 일본 도시 경관을 구성하는 기본 소재 가운데 하나였다.⑲

그러나 1674년 에도 시대에 이르러 오미近江, 현 시가현의 기와공 니시무라 고베마사키西村五兵衛正輝가 암키와와 숫키와를 일체화한 걸침기와栈瓦라는 합리적이고 경제적인 형식을 발명했다. 걸침기와는 다른 이름으로 간략기와簡略瓦라고도 하는데 확실히 시공 능률은 높아졌지만 근대 건축 재료가 등장하면서 일본 지붕은 완전히 음영과 변화를 잃고 평평해졌다.⑳ 걸침기와는 메이지 시대 이후에 진행된 공업화로 더욱 균일해져 더더욱 지루한 것이 되었다. 지붕에서, 그리고 경관 전체에서 점의 반짝임과 리듬감이 완전히 사라지고 만 것이다.

밋밋한 경관에 진절머리가 난 나에게 중국 기와가 보여주는 점의 불균형은 기적처럼 아름답고 생생한 것으로 비쳤다. 중국 산지에 건물을 짓는다면 야외에서 구운 그 기와를 주역으로 삼고 싶다고 내심 생각했다.

48 노트르담 뒤 포르 대성당The Basilica of Notre-Dame du Port, 12세기

49 본기와

50 걸침기와

점의 계층화와 노화

항저우의 중국미술학원 민예박물관中国美術学院民芸博物館 대지는 원래 차밭이었다. 차밭의 완만한 사면에 바싹 붙여 건물을 짓고 지붕을 모두 기와로 이으려고 했다. 그러나 기와만 얹는다고 자동으로 경관에 친숙한 건물이 완성되지는 않는다. 지붕이 너무 크면 면에 비해 그것을 구성하는 하나의 점, 즉 기와 하나의 크기가 상대적으로 너무 작아진다. 따라서 점에 임의의 불균형이 있다고 해도 커다란 면 안에 매몰되어 평평한 인상을 준다. 그 위험성을 피하고자 큰 지붕이 아닌 민가처럼 작은 지붕을 단위로 삼고 그 작은 지붕이 무수히 모인 마을 풍경을 만들고 싶었다.⑤ 작은 지붕 안에 있는 고르지 못한 기와는 전체에 묻히지 않고 확실히 독립된 점이 되어 자신의 존재를 알린다.76-77쪽 사진 점의 건축을 설계할 때 중요한 것은 점과 전체 간 균형이다. 나는 종종 점을 계층화해 단계적으로 전체와 연결하고 환경과 연결해간다.

작은 지붕 아래 작은 마름모꼴 평면의 공간이 모여 있고, 그 작은 공간이 삼각형 분할 기법 그대로 미묘하게 경사진 지형을 따른다. 건축이 커졌다고 해도 능숙하게 계층화하면 생생한 점의 반짝임을 잃지 않고 작은 점과

⑤ 중국미술학원 민예박물관, 2015년

커다란 전체가 느슨하게 연결된다.

　가장 고생한 작업은 기와를 사용해 외광을 제어하는 스크린 디테일이었다. 4년 전 청두 남쪽의 신진에 세운 지·예술관知·芸術館에서는 수직으로 뻗은 와이어에 기와를 하나씩 달았다.⑤②⑤③ 기와 한 장 한 장 사이에 틈을 두어 되도록 점으로 느껴지도록 했다. 항저우에서는 기와를 점에 더 가깝게 표현하고 싶었다. 와이어를 45도로 교차시켜 교차점마다 기와를 하나씩 달아나가니 기와는 더욱 드문드문 느껴지고 생생한 점으로 보였다. 신진에서처럼 기와를 세우지 않고 단면이 보이도록 눕히고 그 단면을 보여주는 형태로 매단 점이 특징이다.⑤④ 날카로운 단면이 보임으로써 기와가 더욱 점으로 느껴졌다. 게다가 기와를 매다는 방법을 바꿔 기와 끝점을 울퉁불퉁하게 위치시켰다. 이로써 점의 인상이 한결 강해졌다. 작고 독립된 점이 무작위로 집적되고 구름 같고 안개 같은 모호한 스크린을 구성한 것이다.

⑤ 신진 지·예술관, 2011년

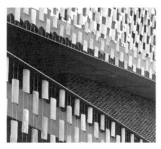

⑤ 기와가 점으로 느껴지는
지·예술관 디테일

⑤ 기와를 늪힌 민예박물관 디테일

고르지 않고 더럽혀지고 상처가 있고 울퉁불퉁하다는 것은 그만큼 점이 자유롭고 점이 더욱 점이 된다는 뜻이다. 점을 한없이 자유로운 존재로 해방시키려면 더러움을 환영하고 상처를 즐기지 않으면 안 된다.

결국 완성 후 찾아올 예측할 수 없는 기나긴 시간에 열린 건축을 한다는 뜻이다. 다양하게 더럽혀지고 상처가 나도 처음부터 고르지 않았을 점은 나이 듦을 허용하고 이해해준다. 예쁘고 너무 정연한 건축은 더러움을 허용하지 않는다. 현대 일본 건축은 그것을 관용하지 않는 방향으로 진화했다. 그 결과 도시는 더러움을 허용하지 않는 불편한 환경이 되었다.

칸딘스키는 석판화가 영원히 수정 가능하고 가산적이며 영원히 완결되지 않는다고 말했다. 불규칙한 점 건축도 처음부터 더러움과 상처를 내장하고 있기 때문에 준공과 동시에 닫힌 시간 속에 갇히지 않고 영원한 시간을 향해 열려 있다. 석판화와 마찬가지로 더러움이나 상처는 환경을 자유롭게 하고 이롭게 한다.

자유로운 점으로서의 삼각형

항저우 민예박물관에서는 복잡한 지형을 삼각형 단위로 분할했다. 사각형이 아니라 삼각형을 단위로 하기 때문에 아무리 복잡한 곡면이어도 삼각형 집합체로서 거의 같을 수 있다. 그런 의미에서 사각형은 면이지만 삼각형은 면이면서 점의 자유로움을 갖는다. 사각형은 자유롭지 않지만 삼각형은 자유롭다.

건축은 통상 사각형 단위로 이루어진다. 평면이건 입면이건 사각형 단위다. 사각형은 융통성이 별로 없다는 사실을 알아차린 건축가가 몇 명 있다. 프랭크 로이드 라이트Frank Lloyd Wright, 1867-1959는 자연 원리에 기초한 건축을 다양한 형태로 시도하고 삼각형의 가능성에 주목했다. 라이트의 영향을 받은 버크민스터 풀러Buckminster Fuller, 1895-1983나 루이스 칸Louis Kahn, 1901-1974도 삼각형에 관심이 많았다. ⑤⑤ ⑤⑥ ⑤⑦ 세 사람의 배경에는 19세기 미국에서 일어난 초월주의Transcendentalism 사상의 흐름이 있다. 초월주의의 자연 경배, 자연과 정신의 조화에서 삼각형이라는 기하학에 다다랐다.

초월주의는 랠프 월도 에머슨Ralph Waldo Emerson, 1803 -1882이나 『월든: 숲속의 생활Walden, or Life in the Woods』1854

(55) 버크민스터 풀러, 풀러 돔, 1947년

(56) 루이스 칸, 예일대학 아트갤러리Yale University Art Gallery, 1953년

(57) 루이스 칸, 방글라데시 국회의사당Bangladesh National Parliament, 1983년

에서 자급자족을 예찬한 헨리 데이비드 소로Henry David Thoreau, 1817-1862 등이 19세기 산업화 직전에 미국에서 창시한 사상이다. 종교적으로 유니테리언주의Unitarianism에 가까운 이들은 프로테스탄트Protestant 일파로, 근면한 금욕 생활을 중시하는 칼뱅주의Calvinism를 철저히 비판했다. 한편 코르뷔지에를 비롯한 유럽의 모더니즘 운동을 주도한 건축가들은 칼뱅주의에 가까웠다. 코르뷔지에가 태어난 스위스 산자락의 라쇼드퐁은 남프랑스 칼뱅파 사람들이 박해를 피해 숨어든 지역이다.

막스 베버Max Weber, 1864-1920는 『프로테스탄티즘의 윤리와 자본주의 정신Die Protestantische Ethik und der Geist des Kapitalismus』1920에서 칼뱅주의의 금욕주의가 근대 자본주의에 기원한다고 말했다. 칼뱅주의 신도가 큰 유리창을 좋아해 신에게 아무것도 감추지 않는다는 신념을 항상 마음에 둔 일과 모더니즘 건축에 등장하는 큰 유리창과의 관련성도 언급했다. 칼뱅주의, 근대자본주의, 큰 유리창, 사각형이 한쪽에 있고 다른 한쪽 끝에 초월주의의 자본주의 비판, 숲속 생활, 삼각형이 자리했다. 근대에는 그런 구조가 있었다.

"(유치원에는) 바둑판무늬 테이블이 있었다. 이 '유닛 라인' 위에서 나는 매끈한 단풍나무 블록으로 만든 사각정육면체이나 원구이나 삼각사면체 또는 삼각대을 갖고 놀았다. 두꺼운 진홍색 종이로 만든 60도 직각삼각형, 짧은 변이 약 5cm, 한 면은 흰색. 나의 상상에서 생겨난 디자인은 대체로 이런 매끄러운 삼각형의 부분이었다."
『라이트의 유언』

라이트가 삼각형에 관심을 가졌던 원초적 경험은 이러했
다. 『자전-어떤 예술의 형성』에서는 어렸을 때 교육자였
던 어머니가 준 독일 교육가 프리드리히 프뢰벨Friedrich
Fröbel, 1782-1852의 놀이도구를 "매끄러운 형태의 단풍나무
조각을 쌓아 올리는 그 감각은 손가락에서 사라진 적이
없었다."라고 회상한다.

　프뢰벨의 놀이도구는 사각형을 기초로 하는 육면체
만으로 구성된 일반 블록과 달리 다각형이나 구형 블록도
포함한다. 라이트에게 그것이 어떤 의미를 가졌는지는 그
의 말에서도 짐작할 수 있다. 삼각형이라는 점의 감촉이
그의 손끝에 평생 남았던 것이다.

솔잎 원리로 성장하는 쓰미키 나무 블록

프뢰벨의 놀이도구에서 삼각형이 중요한 역할을 했는데 나는 한 발 더 들어가 삼각형으로만 구성된 독특한 나무 블록 디자인을 시도했다.

음악가 사카모토 류이치坂本龍一가 대표를 맡은 사단 법인 모어트리즈More Trees는 일본의 산림을 보호하는 환경 단체다. 그들에게서 일본산 나무를 사용한 새로운 유형의 블록 디자인을 의뢰 받은 적이 있다. 육면체를 기본 단위로 하는 나무 블록은 서양식 조적조 공법을 적용한 형태이다 보니 쌓아 올리고 나면 아무래도 묵직하고 단단하다. 새로운 시대에 자라나는 아이들을 위해 근본에서부터 생각을 바꿔 좀 더 경쾌하고 투명감 있는 나무 블록을 만들고 싶었다. 그렇게 해서 완성한 것이 미야자키현宮崎県의 모로쓰카손諸塚村에서 자라는 아름다운 삼나무로 제작한, 삼각형 단위의 쓰미키積木, Tsumiki 나무 블록이다.

단순히 사각을 삼각으로 바꾸기만 한 것이 아니다. 프뢰벨의 놀이도구에도 삼각형 블록이 들어 있지만 어디까지나 견고한 블록이어서 쌓아 올려도 가볍고 투명하게 만들 수 없다.⑤⑧ 나는 7mm 두께의 얇은 삼나무 판자로 솔잎 같은 형태를 만들었다. '쌓는' 게 아니라 '끼우는' 나

⑤⑧ 프뢰벨의 놀이도구   ⑤⑨ 쓰미키 나무 블록, 2015년

무 블록 쌓기 또는 '짜는' 나무 블록 쌓기다.

끼우는 행동을 유도하고자 판자 끝부분에 삼각형 홈을 만들었다.⑤⑨ 솔잎 형태의 단위는 단지 위로 쌓는 것만이 아니라 가로나 세로로도 끼우고 짤 수 있다. 다시 말해 쓰미키는 투명감이 있는 데다 단순히 '쌓는' 지루한 행위를 거부하는 나무 블록인 것이다. 서양식 고전 건축 방식인 '쌓기' 대신 '짜기'의 즐거움, 그 묘미를 아이들이 체감하면 좋겠다고 생각했다. 짜는 것은 쌓는 것보다 훨씬 자유로운 행위다. 그에 따라 인간의 정신과 신체도 훨씬 자유롭고 유연하게 움직일 수 있다.

점은 고립되어 있어 주변과 연결하기 힘들다. 점을 연결하려면 벽돌을 쌓을 때처럼 모르타르와 같은 접착제를 사용해 하나씩 쌓아 올리는 방법에 의존하지 않으면 안 된다. 점은 그 접착력으로 덩어리, 즉 볼륨이 된다. 반대로 쓰미키 나무 블록의 점은 덩어리처럼 묵직하거나 둔중하지 않고 경쾌하게 독립되어 있다. 어느 방향으로도 연결되는 자유롭고 편리한 점이다.

이로써 점 안에 선의 요소를 끼워 넣는 조작이 가능해졌다. 조적조 방식의 점인 워터 블록에 선의 요소를 끼워 넣음으로써 워터 브랜치가 탄생했다. 더욱 자유롭게 세계와 연결되기 쉬운 대상으로 변신했다. 쓰미키에도 선의 요소를 더하면서 자유가 생겼다.

나아가 삼각형 원리 덕분에 워터 브랜치에는 없던 경쾌함까지 생겼다. 정확히 말하면 완결된 삼각형이 아니라 나뭇가지처럼 갈라지는 솔잎 형태다. 그런 의미에서 쓰미키는 워터 브랜치 이상으로 브랜치 구조이고 시스템으로서 더욱 열려 있다.

카드 성을 가능하게 한 것도 삼각형 원리다. 자연계에서는 가지처럼 갈라지는 구조가 세포처럼 작은 스케일에서도 나타난다. 나뭇가지나 좀 더 큰 범주의 지형에서도 발견된다. 라이트는 자연계 원리에 주목해 삼각형의 필요성을 지적했지만 나는 삼각형이라기보다 가지형, 솔잎형이라 부르고 싶다. 그렇게 바꿔 부름으로써 형태에 숨은 원리를 깊이 이해할 수 있다. 가지는 연결되는 원리임과 동시에 생물이 성장하고 변화하는 기본 원리다. 가지의 삼각형 안에 자연의 본질이 숨어 있다.

바둑판무늬가 만드는 점

볼륨에서 돌을 구출하기 위해 다양한 시도를 거듭해왔다. 돌 미술관에서는 다공질porous 조적조에 도전하고 카드 성에서는 돌을 얇게 만듦으로써 선을 만드는 데 성공했다. 하지만 어느 것이나 점으로 부를 만큼 드문드문하지 않다. 돌을 사용하면서 궁극의 점에 도달한 작품이 로터스 하우스Lotus House다.⑥⓪

　하야마葉山에 로마산 돌 트래버틴travertine으로 빌라를 지어달라는 의뢰를 받았다. 의뢰인은 평면이나 디자인에 그다지 간섭하지 않았지만 트래버틴으로 짓는 것만은 고집했다. 트래버틴은 로마 근교 티볼리 채석장에서 채취한 것이 가장 유명한데 이미 고대 로마 건축에서도 많이 사용한 재료다. 성 베드로 대성당San Pietro Basilica을 비롯한 바티칸 건축물 대부분이 트래버틴으로 지어졌다. 20세기에는 반데어로에가 모더니즘 건축의 걸작 바르셀로나 파빌리온Barcelona Pavilion 기단에 트래버틴을 사용했다.

　트래버틴은 다공질 돌로, 작은 점 모양의 구멍이 무수히 뚫려 있다. 질감이 나쁘지는 않지만 돌은 그런 질감에도 묵직한 볼륨이 되기 쉽다. 어떻게 하면 이 위험한 물질을 경쾌한 것으로 만들 수 있을까?

⑥⓪ 로터스 하우스, 2005년

우선 돌을 얇게 잘라 빛이나 바람이 투과하는 경쾌한 스크린을 만들기로 했다. 먼저 줄무늬를 만들어보았으나 어쩐지 경쾌함이 부족했다. 지금까지 나는 얇은 나무판자로 줄무늬 스크린을 몇 번이고 만들어왔다. 나무로 만든 줄무늬라면 경쾌함이 느껴지지만 돌을 같은 크기로 잘라 스크린을 만들면 그 순간 묵직해져 가벼움과 투명감이 사라진다. 모양과 치수는 같아도 재료를 바꾸자마자 완전히 다른 것이 되어버리는 일은 건축 세계에서 자주 겪는 일이다. 같은 모양의 점과 선이 얼마든지 다른 것이 되어버린다. 물질과 인간의 관계는 그만큼 미묘하다. 인간의 지각은 물질에, 그리고 그 질감에 직접적으로 신체적으로 반응한다.

발상을 바꿔 줄무늬 대신 얇은 돌을 바둑판무늬로 붙여보았다. 실물 크기 그대로 샘플을 만드니 신기하게 줄무늬처럼 똑같이 절반만 열렸는데도 전혀 다른 분위기가 났다. 들떠 있으면서도 가볍고 투명한 스크린이 탄생했다.

61 로터스 하우스의 트래버틴 스크린

트래버틴으로 생긴 경쾌한 점이 꽃잎처럼 공중에 흩날리는 것 같았다.⑥¹ 그래서 이 집을 로터스 하우스라 부르기로 했다. 바로 앞 연못에 핀 연꽃잎과 트래버틴으로 만든 돌 꽃잎이 어우러져 합창을 하는 듯했다.

이 바둑판무늬는 나가오카시長岡市 시청사 아오레 나가오카アオーレ長岡 외벽에도 등장한다.⑥² 아오레 나가오카는 외관이 없는 커다란 중정형 시청이다. 눈이 많이 오는 나가오카의 겨울에도 여럿이 모일 수 있는 광장을 원한 시민의 목소리를 받아들여 지붕이 있는 중정을 에워싸듯 청사와 아레나를 배치했다. 중정은 나카도마中土間라 불렀다. 돌을 전면에 깔아 딱딱한 바닥이 펼쳐지는 유럽의 광장과 달리 새로운 공공 공간을 만들고 싶다는 생각에 시민과 함께 나카도마를 설계했다. 일본 농가의 봉당封堂, 마루 없이 흙바닥을 깔아 만든 공간 바닥은 회삼물로 되어 있다. 흙과 석회, 가는 모래를 섞은 반죽을 회삼물이라 하는데 이를 굳혀 마무

(62)   아오레 나가오카, 2012년

리하니 따뜻하면서 다소 촉촉한 질감이 느껴졌다.

그런 나카도마를 에워쌀 벽으로 어떤 소재가 어울릴까 고민했다. 물론 콘크리트도 돌도 알루미늄도 아니고 현지 나무가 어울릴 거라고 생각했다. 찾아보니 그 지역 숲에서 상태 좋은 에치고스기越後杉 삼나무를 구할 수 있었다. 시청은 작은 주택이 아니기 때문에 벽 높이가 대체로 20m나 된다. 그만큼 커다란 벽에 나무를 붙이면 밋밋하고 답답한 느낌이 날 수 있다. 나무는 가까이에서 보면 생물 같지만 나카도마에 서서 높다란 벽을 올려다보면 고르지 못한 나뭇결은 전혀 보이지 않고 그저 묵직한 갈색 벽으로만 느껴질 것이다.

멀리서라도 나무를 나무로 느끼게 하기 위해 나무판자를 몇 장 모아 단위를 만들고, 그 단위가 되는 패널을 바둑판무늬로 드문드문 배치했다. 나무로 면을 만드는 것이 아니라 나무로 생긴 점이 드문드문 부유하도록 만든 형태

⑥⑶ 지그재그로 붙인 벽

였다. 심지어 한 단씩 각도를 바꿔가며 지그재그로 붙였다.⑥⑶ 단면상으로 지그재그 모양을 만듦으로써 점이 부유하는 느낌을 강조했다.

그럴 때 패널점 크기를 정하는 게 가장 어렵다. 점이 전체 공간에 비해 너무 작으면 점이 사라지고 밋밋한 면으로 돌아간다. 반대로 점이 너무 크면 하나의 점이 부각되어 공간 전체의 경쾌함을 무너뜨린다. 점을 적당한 크기로 흩뿌렸을 때 비로소 점 본래의 들뜬 듯한 경쾌함과 투명감이 살아난다.

선로의 자갈이라는 자유로운 점

점의 크기에 중요한 힌트를 준 것은 선로 밑에 깔린 자갈 크기에 관한 연구였다. 선로, 침목, 자갈을 중첩하면 열차의 하중이 분산되어 땅에 손상이 가지 않는다. 우선 선로가 휘어져 하중을 분산하고 그 힘이 침목으로 전달된다. 침목에 걸린 하중은 그 밑에 깔린 자갈을 따라 다시 분산되어 지면이 움푹 들어가거나 갈라질 일이 없다.

이때 중요한 점은 자갈이 자유롭게 이동하고 어스러진다는 것이다. 구속된 점이 아니라 자유로운 점이 된 자갈 더미가 쿠션 역할을 한다.

여기서 자유를 보증해주는 요소가 자갈 크기다. 침목 밑에 자갈 대신 모래를 깔면 점 집합체가 너무 작아 힘을 분산시키지 못한다. 그렇게 되면 하중이 집중되어 지면에 손상을 준다. 여러 시행착오를 거쳐 가장 적절하고 경제적인 점의 크기, 즉 자갈의 크기에 도달했다.

이 같은 내용은 자연과 건축의 관계를 생각할 때 중요한 사실을 알려준다. 대지라는 자연과 열차에 탄 인간 사이에 다양한 점과 선이 개입해 두 세계를 원활하게 계층적으로 연결한다는 점이다. 건축도 마찬가지로 자연과 인간을 원활하게 연결하는 존재가 아니면 안 된다. 침목 밑에 깔린 자갈이 이상적인 예다. 자갈처럼 얼핏 자유롭고 느슨하면서도 실제로는 멋진 쿠션으로서 자연과 인간을 잇는 건축을 만들 수는 없을까? 딱딱한 콘크리트가 아니라 다양하고 자유로운 입자를 매개로 작고 부드러운 신체를 커다란 자연에 연결하고 싶었다. 민주주의적 건축이 있다면 선로의 자갈 같은 것이 아닐까 싶다. 그처럼 자유롭고 그처럼 유연한 것이다.

바둑판무늬와 검약

아오레 나가오카의 바둑판무늬 벽이 완성됐을 때 현지 향토사 연구자에게서 재미있는 이야기를 들었다. 에도 시대 당시 나가오카번長岡藩은 꾸밈없고 진실하며 강건한 기풍을 중요하게 여겼다. 보신戊辰 전쟁으로 조카마치城下町가 불에 타 허허벌판이 되어 미네야마번三根山藩에서 쌀 백 가마니를 위문품으로 보내왔을 때도 그것을 팔아 학교 교육에 쓴 일화로 유명하다. 쌀 백 가마니 일화는 나가오카번 특유의 정신문화를 잘 보여준다.

그런 나가오카번의 성에서는 장지에 큰 그림 대신 작은 그림이나 무늬를 그린 종이 조각을 바둑판무늬로 이어 붙였다.⑥④ 그렇게 하면 더러워지거나 손상되어도 해당 부위 한 장만 바꾸면 된다. 커다란 종이를 사용하면 귀퉁이가 조금 더러워지기만 해도 통째로 갈아야 한다. 그런 낭비는 꾸밈없고 진실하며 강건한 정신에 어울리지 않으니 나가오카성의 장지는 작은 종이로 이어 붙인 것이다.

바둑판무늬는 검약 정신과 깊은 관련이 있다. 우리가 디자인한 아오레 나가오카 나무 벽도 검약과 연관이 있다. 벽 전체를 나무 한 판으로 붙이지 않고 바둑판으로 이어 붙이면 필요한 나무 양이 절반으로 줄어든다. 시간이 지

㉦ 〈나가오카성〉의 12월 연말 행사로 배알拜謁 의례를 하는 사람들

나 나무가 더러워지고 변색해도 그 부위만 한 장씩 바꾸면 된다. 전체가 드문드문한 점 집합체이기 때문에 한 장을 새로 교체하는 건 일도 아니다. 드문드문한 점은 절약하는 데도 큰 효과가 있다. 점이란 극히 지속 가능하고 융통성 있는 디자인이었다.

이산성과 사하라사막

바둑판무늬처럼 점이 드문드문 떠 있는 듯한 상태를 이산적離散的 상태라고 한다. 나의 은사인 건축가 하라 히로시原広司, 1936- 는 수학 용어인 '이산'이라는 말을 건축 세계로 가져왔다. 하라 선생은 교편을 잡고 있던 도쿄 대학의 학생과 세계의 변방 취락을 조사하고 그 배치를 도면화해 거기서 미래 도시, 미래 건축에 대한 단서를 얻고자 했다.

취락 연구에서 하라 선생은 수학적 기법을 응용했다. 이는 레비스트로스Levi-Strauss, 1908-2009가 문화인류학 조사를 할 때 수학에서 많은 힌트를 얻었던 것을 모방했는지도 모른다. 취락이란 마술적일 만큼 매력적이다. 있는 그대로의 생활과 가족이 있고 생생한 건축이 존재한다. 수학 같은 객관적 무기 없이 그 세계로 들어가면 순식간에 매력에 사로잡혀 이성을 잃어버리기 쉽다. 레비스트로스도 하라 선생도 그 점을 경계했다.

학생이었던 우리와 하라 선생은 1978년 겨울 두 달에 걸쳐 서아프리카 사하라사막 주변의 취락을 지프차로 이동하며 조사했다. 여행 도중 하라 선생은 이산이라는 말을 자주 사용했다. 사하라 주변의 취락은 오두막이 틈을 두고 집합하는 콤파운드compound 주거 형식이다. 65 66

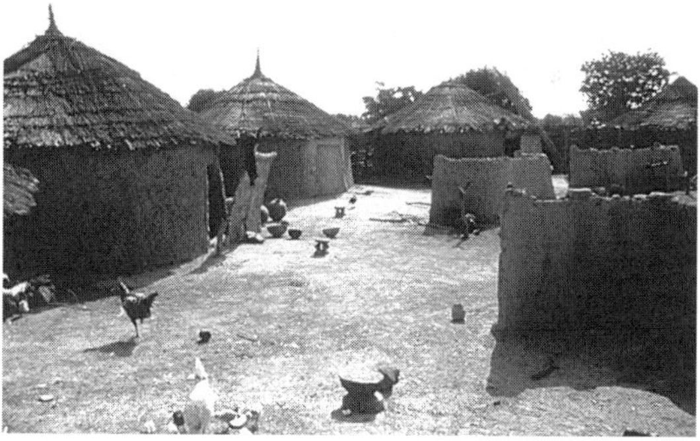

(65) 부르키나파소의 보게Bogué 마을 취락

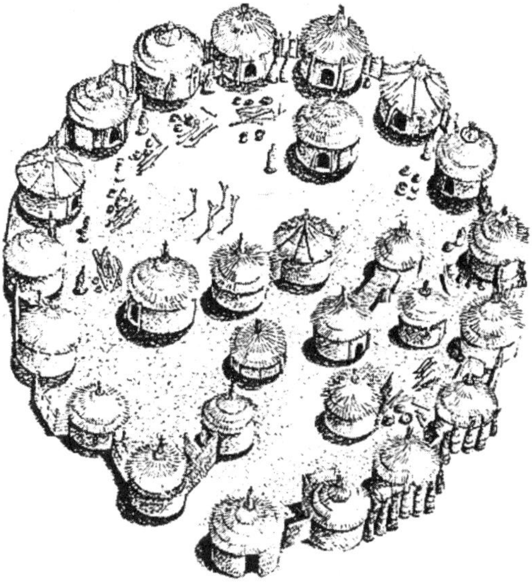

(66) 보게 마을 취락 조감도

이 지역에서는 일부다처제가 일반적인데 남편은 날마다 각각의 아내가 사는 오두막을 돌며 그중 한 집에서 밥을 먹고 아내와 아이들과 함께 묵는다. 아내들에게 딸린 오두막이 중정을 중심으로 느슨하고 어수선하게 집합한 형태를 하라 선생은 이산적 취락이라고 했다.

점과 점이 거리를 두고 느슨하고 어수선하게 집합한 상태가 이산적이라면 그와 정반대는 점과 점이 밀착해 틈이 없는 상태다. 우리는 사막을 여행하며 이산적 상태가 바로 이상적 인간관계이고 모든 점이 밀착한 상태의 궁극이 파시즘이 아닐까 논의했다. 모닥불을 둘러싸고 앉아서는 미래 건축이 사하라의 콤파운드 주거처럼 이산을 목표로 해야 한다는 이야기를 나누었다.

이산성에 대한 동경, 점에 대한 관심이 사하라 여행에서 내 마음속에 싹텄다. 이산이라는 수학 개념으로 건축에 접근해보니 수학이나 양자역학이 건축을 생각할 때 큰 무기가 된다는 점을 실감했다. 이산 수학은 현대 수학에서 중요한 분야이다. 세계를 연속체가 아니라 드문드문한 입자로 파악하자마자 새로운 세계가 보인다는 것을 수학에서 배웠다.

이산은 단지 평면 배치와 관련될 뿐만 아니라 소재나 디테일을 비롯해 모든 건축 영역에 적용할 수 있는 개념이다. 이산이란 바로 점의 다른 이름이다.

선

線

르 코르뷔지에의 볼륨, 미스 반데어로에의 선

20세기 건축사는 볼륨과 선線이 벌인 항쟁의 역사였다고 할 수 있다. 20세기 초 모더니즘 건축을 이끈 두 명의 거장 르 코르뷔지에와 미스 반데어로에는 각자 볼륨과 선을 체현하고 당대 건축 디자인의 정점을 보여주었다.

폭발한 인구수와 경제 규모가 요구하는 거대한 볼륨을 값싸고 빠르게 완성하려면 기둥과 보, 즉 수직선과 수평선을 조합한 입체 격자가 가장 효율적인 해법이었다. 돌이나 벽돌처럼 작은 점을 하나씩 주의 깊게 쌓아 올린 조적조 대신 기둥과 보를 엮는 선의 공법이 20세기 이후 근대 사회의 데포르메déformer, 대상의 형태가 달라지는 일가 되었다.

콘크리트로 곡면을 만드는 셸이나 돔 구조는 20세기에 발명되었는데 체육관과 교회처럼 닫힌 형태의 특수한 건축에 사용하는 특수한 방식이었다. 20세기 건축은 일반적으로 선을 조합하는 입체 격자에 의존했다.

그 입체 격자 시대에 코르뷔지에는 굳이 콘크리트를 사용한 볼륨의 표현을 깊이 연구했다. 건축을 볼륨으로 디자인함으로써 당대 리더가 되고자 한 것이다. 그는 『건축을 향하여』에서 "건축이란 빛 아래에 모인 입체볼륨에 대한 깊은 지식이고, 정확하고 장려한 연출이다."라고 정

① 르 코르뷔지에, 롱샹 성당, 1955년

의하며 볼륨에 쏟는 열정을 고백한 바 있다. 그렇게 20세
기 이전까지 서양을 지배한 고대 그리스 로마의 고전주의
건축이 오더라 불린 '기둥=선'의 건축이었던 사실에 반발
하며 선에서 멀어져 볼륨으로 향했다. 20세기가 거대한
볼륨을 필요로 했다면 그 볼륨을 직접적으로 콘크리트로
표현한 것이 코르뷔지에가 당당하게 선택한 전략이었다.
건축을 볼륨이라고 정의한 순간 건축은 좋게 말하면 자유
가 되고 나쁘게 말하면 폭력이 된다. 코르뷔지에는 볼륨
의 특성을 분명히 이해하고 볼륨을 최대한 이용하며 때로
는 폭력적 조형을 마다하지 않았다.

코르뷔지에의 볼륨 지향성은 만년으로 갈수록 더욱
과격해져 최종적으로는 롱샹 성당이나 인도의 찬디가르
신도시 건설 같은 '볼륨 아트'로까지 승화했다. 코르뷔지
에는 당대에 이르기까지 건축이 도달한 적 없는 자유를
볼륨의 힘을 빌려 실현했다.①

가쓰라 이궁을 보며 "선이 너무 많다."고 내뱉듯 중얼

② 가쓰라 이궁, 17세기

거렸다는 일화는 볼륨파인 그가 압도적인 선의 건축 앞에서 보이기에 당연한 반응이었다. ② 한편 독일 표현주의 건축을 대표하는 브루노 타우트Bruno Taut, 1880-1938는 1933년 그의 생일 5월 4일에 가쓰라 이궁을 둘러본 뒤 "인생에서 가장 좋은 생일"이라는 기록을 남기며 실제로 눈물을 줄줄 흘렸다고 한다.

타우트는 코르뷔지에나 반데어로에와 같은 평가를 받지도 않았고 앞장서서 시대를 이끌지도 않았다. 아마도 20세기에 등을 돌리고 있던 것으로 느껴진다. 콘크리트 볼륨에도 울퉁불퉁한 철골 선에도 등을 돌린 그가 놀랍도록 섬세한 가쓰라 이궁의 목재 선에 마음을 빼앗겼기 때문이다. ③ 그만큼 섬세하고 상처받기 쉬운 인간이자 건축가였다. 타우트가 일본에 남긴 유일한 건축물인 휴가저택日向邸은 그가 좋아한 선으로 가득하다. ④ 가늘고 곧은 대나무를 무수히 늘어놓아 벽을 만들고, 고기잡이배의

③ 브루노 타우트, 가쓰라 이궁 스케치, 1934년

④ 브루노 타우트, 휴가 저택, 1936년 ⑤ 가는 대나무로 만든 벽과 조명 기구

등불을 모티프로 대나무를 엮어 조명 기구를 만들었다.⑤ 미국식 철골 선, 그 규격화한 선을 동경한 일본인은 타우트의 섬세하고 자유로운 선을 전혀 이해하지 못했기에 그는 실망한 채 일본을 떠나고 말았다.

또 한 명의 20세기 거장 반데어로에는 코르뷔지에와 반대로 볼륨을 피하고 선을 깊이 연구했다. 다만 타우트처럼 낭만주의자가 아니었기에 20세기 소재로 대표되는 금속을 가지고 아름다운 선을 그리기로 했다. 모든 장소에서

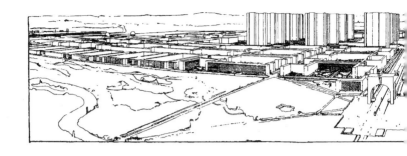

선을 반복한 그는 20세기가 필요로 한 초고층 건축의 거대한 볼륨을 감추고 공중으로 녹여나갔다. 그렇게 거대한 볼륨을 선으로 처리함으로써 20세기 챔피언이 되었다.

아름다운 선을 만들기 위해서는 미국의 공업력이 필요했다. 그 공업력을 자기편으로 만들려고 미국으로 이주한 것이 아닐까 하는 의심마저 든다. 독일에서 바우하우스 교장까지 맡았던 반데어로에는 나치에 쫓겨 1938년 미국으로 이주했다. 제2차 세계대전 이후 독일로 돌아갈 기회가 있었는데도 그대로 미국에 남았다. 당시 미국이 선으로 뒤덮인 거대한 볼륨을 가장 필요로 했고 그 공업력만이 반데어로에의 아름다운 선을 실현할 수 있었기에 미국에 남은 것이다.

그런 의미에서 말하자면 반데어로에에게 20세기란 결정적으로 미국의 시대였다. 그 역시 이를 부정하지 않고 시류에 올라탔다. 미국으로 건너가지 않은 코르뷔지에는 유럽에 머물며 미국적인 것을 계속해서 부정했다. 코르뷔지에가 초고층 건축에 관심이 아주 없었던 것은 아니

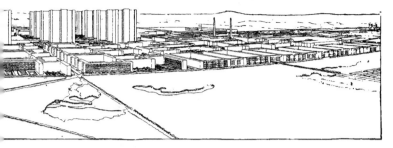

다. 300만 명이 거주하는 현대 도시Ville Contemporaine, 부아쟁 계획Plan Voisin, 빛나는 도시Ville Radieuse, 1935를 비롯해 초고층 건축이 난립하는, 심지어 난폭하다고도 할 수 있는 도시 개조 프로젝트를 거듭 발표했다.⑥ ⑦ 코르뷔지에는 진지하게 초고층 건축을 설계하기 바랐지만 프랑스 지식인은 파리를 파괴하면서까지 초고층 건축을 지으려 한 그를 냉소했다. 프랑스인의 눈에는 파리를 초고층으로 파괴하려는 스위스 촌구석 출신의 코르뷔지에가 서양물이 든 괴짜로 보였을지 모른다.

한편 코르뷔지에는 『성당은 언제 흰색이 되었는가』에서 "뉴욕 마천루는 너무 작고 너무 많다."라고 비판했다. 거대 볼륨은 대찬성이지만 공장에서 찍어낸 금속의 단조로운 선으로 볼륨을 은폐하는 미국식, 즉 반데어로에식 속임수를 기만이라고 간주했다.

코르뷔지에는 프랑스에서 초고층 건축을 실현하는 일도 없었고 미국에서도 받아들여지지 않았지만 두 나라와 전혀 다르고 완전히 대조적인 인도로 향했다. 그곳에

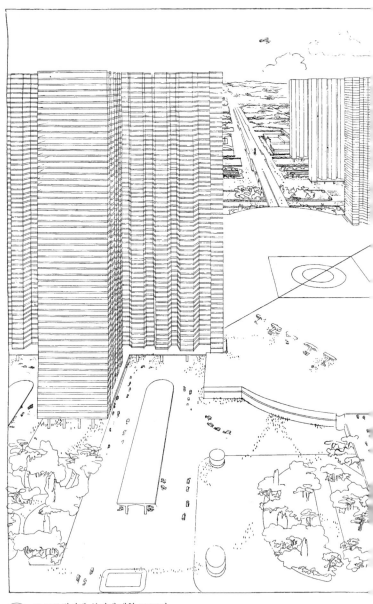

⑦ 르 코르뷔지에, 부아쟁 계획, 1925년

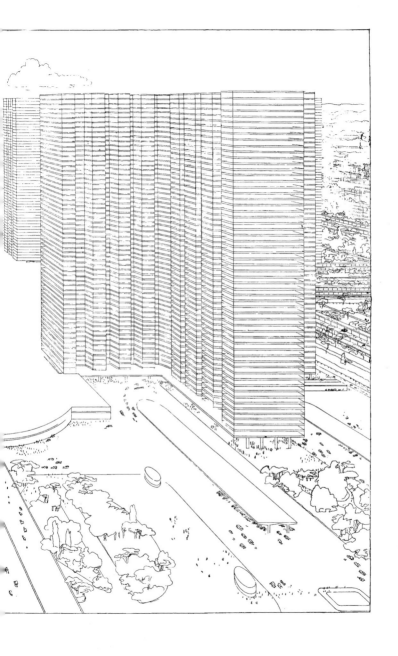

서 1951년부터 찬디가르 신도시 건설에 참여했는데 고령에도 아랑곳 않고 태양이 작열하는 현장을 스물세 번이나 찾았다. 문제는 선으로 볼륨을 치장하는 미국식 은폐가 인도에서 전혀 먹히지 않았다는 점이다. 인도에는 곧은 선을 만드는 기술 따위가 존재하지 않았다. 따라서 콘크리트로 만든 몹시 거친 볼륨을 올리는 수밖에 없었다. 붉은 대지의 인도에서 20세기 미국과는 완전히 다른 방법을 써먹게 되었다.

격투와도 같았던 인도에서의 작업은 코르뷔지에 자신에게 큰 사건이었을 뿐만 아니라 이후 세계 건축 디자인에 결정적인 영향을 미쳤다. 거대하고 거친 콘크리트를 표현하는 브루탈리즘Brutalism이 시작된 데에 계기가 된 것이다. 브루탈리즘은 일본에도 영향을 주어 결이 센 삼나무 형틀로 타설한 거친 콘크리트가 전후 한 시기에 일본 공공 건축의 제복처럼 되어버렸다.

'기하학에 지배된 아름다운 하얀 상자=빌라 사보아'로 대표되는 코르뷔지에 전기 건축 이상으로 야만적인 후기 건축이 20세기에 대단한 역할을 했다고 생각한다. 아무리 거친 대지에도 건축물을 세울 수 있다는 가능성을 찬디가르로 보여주었기 때문이다. 인도의 적토 위에 현대 건축이 성립할 수 있음을 증명한 그는 어떤 대지에서도 현대 인간이 꿋꿋이 살아갈 수 있다는 사실을 일깨워주었다. 그것은 세계 모든 장소에 희망을 주는 건축이었다. 반데어로에의 미국 숭배와는 전혀 다른 방식이었다.

코르뷔지에가 이끈 모더니즘 건축, 그의 전기 건축은 세계를 획일화하려는 공업화 사회의 국제적인 건축이었다. 그와 달리 후기 건축은 세계 다양화의 길을 보여주었다. 세계의 모든 장소에 희망을 주었다. 인터내셔널international이 아니라 월드 아키텍처world architecture였다. 나는 그전까지 코르뷔지에의 콘크리트 건축을 비판했지만 찬디가르 이후부터 그에게서 여러 방면으로 영향을 받았다. 찬디가르에는 20세기를 넘어선 무엇인가가 존재했다.

단게 겐조의 어긋난 선

찬디가르의 르 코르뷔지에와는 전혀 다른 방식으로 다양성의 길, 대지와 연결되는 길을 찾은 사람이 하나 더 있다. 일본의 단게 겐조丹下健三, 1913-2005다. 그는 코르뷔지에와도 반데어로에와도 다른 방식으로 미국식, 공업사회식으로 대표되는 선의 건축을 넘어서고자 했다.

단게는 일본 전통 건축에서 실마리를 얻었다. 이에 가가와현香川県 청사에서는 콘크리트 기둥과 보를 짜되 접점을 비켜가며 짜 맞췄다.⑧ 다시 말해 두 개의 선을 한 점에서 교차시키지 않고 비켜 놓으며 접합했다.

일본 전통 건축에서는 종종 선과 선을 비켜 놓고 짜 올린다.⑨ 이를테면 목재 위에 또 하나의 목재를 살짝 올린다. 비켜 놓으니 홈을 만들 필요가 없다. 결과적으로 단면에 손상이 가지 않아 목재 강도가 유지된다. 접점이 비켜 있어도 힘이 원활하게 전달된다는 원리쯤은 목수도 경험으로 이해했다. 일본 목조는 비켜 놓는 목조였다.

선이 한 점에서 교차하는 서양식 직교 좌표계cartesian grid와는 다른 방식이다.⑩ 서양에서 근대 수학과 공학의 기초가 된 좌표계는 지나치게 착실한 직교 격자다. 하지만 접점을 비킴으로써 선은 더욱 경쾌하고 자유로워지

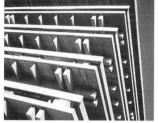

⑧ 단게 겐조, 가가와현 청사, 1958년

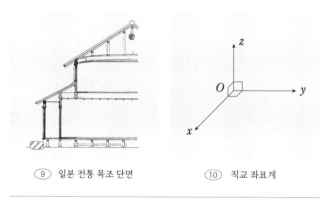

⑨ 일본 전통 목조 단면   ⑩ 직교 좌표계

며 공간에 움직임이 생긴다는 사실을 목수는 알고 있었다. 비켜 놓음으로써 선재와 선재가 분절되면서 면을 이루지 않고 선 그대로 존재해 경쾌함과 투명감이 생기는 것도 이미 숙지하고 있었다. 직교 격자가 도식적이고 미숙한 기하학에 근거한 데 반해 일본의 비켜 놓기식 목조는 경험주의적이고 유연했다.

비켜 놓기 효과를 알고 있던 단게는 일본 전통 건축에서 사용한 방식을 콘크리트로 발전시켰다. 콘크리트를

⑪ 이케하라가池原家의 걸침기와 지붕, 에도 시대

⑫ 단게 겐조, 국립 요요기 경기장, 1964년

사용해도 콘크리트 볼륨에 묻히지 않는 경쾌한 선을 그리는 것이 가능함을 가가와현 청사를 통해 증명해보였다.

1964년 도쿄 올림픽을 대비해 디자인한 국립 요요기 경기장国立代々木競技場에서는 거대한 콘크리트 수직선을 하늘을 향해 곧게 세웠다. 두 개의 거대한 기둥에서 철제 케이블이 곡선을 그리며 떨어졌다. 콘크리트 선과 비교가 안 될 정도로 가늘고, 중력을 받아 아름답게 구부러져 보는 이를 압도했다. 단게는 단숨에 '세계적인 단게'가 되었다. 콘크리트로는 결코 달성할 수 없는 가늘고 아름다운 선, 반데어로에가 초고층 건축에 붙인 미국 공업력의 직선과도 다른 아름답고 유연한 선이 단게를 통해 처음으로 그어졌다. 현수교 같은 토목 구조물에서밖에 사용할 수 없던 부드러운 철제 케이블을 건축에 사용하면서 20세기 건축사에 생물 같은 자유로운 선이 출현했다.

국립 요요기 경기장에서는 두 개의 기둥 사이에 보를 걸친 메인 케이블에서 더욱 섬세하고 가는 케이블이 갈라져 나온다. 평평한 면이 되기 십상인 지붕이 선 집합체로 탄생했다. 이는 일본 지붕 역사에 새로운 한 페이지를 여는 것이기도 했다.

숫키와와 암키와를 일체화한 걸침기와가 등장한 이후 일본 지붕에서는 아름다운 선이 사라졌다.⑪ 서양식 평지붕을 도입하면서 일본 경관을 장식했던 아름다운 지붕이 사라져갔다. 단게는 올림픽이라는 세계 무대에서 일본 지붕을 되찾아 지붕 선을 회복하는 데 성공했다.⑫

선에서 볼륨으로 퇴화한 일본 건축

국립 요요기 경기장 이후, 그러니까 올림픽이 끝나고 일본 건축은 다시 선을 잃어버렸다. 모든 건축을 케이블에 의지해 지을 수 없던 탓이다. 반데어로에가 초고층 건축에 사용한 날카로운 선 이상으로 케이블에 매달린 지붕은 값나가는 재료였다. 세기의 행사를 치르기 위해 예외로 평균 단가에 지은 경기장이었기에 케이블 구조가 가능했고 덕분에 선이 아름답게 춤출 수 있었다.

1964년 이후 일본 건축은 선의 건축에서 볼륨의 건축으로 전환했다. 아니 어쩌면 퇴화했다. 올림픽 축제 이후의 사회는 단가에서도 프로그램에서도 '보통의 건축'에 적합한 '보통의 해법'을 요구한 것이다.

도쿄만이 아니라 방방곡곡 지방 도시에서도 보통의 건축을 짓지 않으면 안 되는 고도성장기 사회의 요청이 있었다. 건축물을 계속 지어 경제를 돌리고 정치를 돌린다는 '토건 정치'가 올림픽 이후 본격적으로 가동되었기 때문이다. 예산을 아낌없이 쏟아부어 보통의 건축을 세우는 일을 엔진 삼아 정치, 경제를 비롯한 일본의 모든 것이 돌아가기 시작했다. 그 구조가 계속해서 견실히 돌아가기 위해서는 보통의 건축에 확고한 정체성을 부여하지 않으면 안 되었다. 예산 쏟아붓기를 정당화해줄 확실한 캐릭터가 필요했다. 볼륨 집합체가 될 수밖에 없는 보통의 건축과 주변 환경에 묻히지 않으면서 누구나 알기 쉬운 개성을 가지기보다 보편성 있는 디자인이 필요했다.

국립 요요기 경기장처럼 천재가 곡예를 부린 듯한 선의 춤사위가 아니라 좀 더 견실하게 건축에 정체성을 부여할 체계적 디자인을 사회는 필요로 했다. 그 요청에 훌륭하게 응답한 사람이 단게의 두 제자 이소자키 아라타와 구로카와 기쇼였다.

두 건축가 모두 견실함에서도 체계성에서도 조금은 먼, 강렬한 개성을 가진 예술가로 알려져 있으니 여기서 두 사람의 이름이 나온 것을 의외라고 생각하는 독자가 많을 것이다. 하지만 작품을 냉정히 분석하면 그들은 선이 아니라 볼륨의 건축가였다는 사실이 보인다. 그들은 기하학을 교묘히 구사해 콘크리트의 묵직한 볼륨을 갖추고 거기에 강한 캐릭터와 정체성을 부여했다.

이소자키는 정육면체를 응용해 통상의 콘크리트 건축을 통제하고 특별한 기념비처럼 완성했다.⑬ 정육면체는 고대 그리스 로마를 계승하는 유럽 고전주의 건축의 중심 기법이었다.⑭ 유럽의 건축가들은 고대 그리스에서 전해진 플라톤 입체도형의 도움을 받아 묵직해지기 쉬운 조적조 건축을 눈부신 기념비로 전환해 보여주었다. 이소자키 역시 서양에서 가져온 강력한 무기로 둔중한 콘크리트 덩어리를 상징적 기념비로 바꿔 보여주었다.

한편 구로카와는 이소자키에 대항해 원추라는 기하학 형태를 많이 이용하고, 마찬가지로 볼륨에 정체성을 부여했다.⑮ 구로카와는 메타볼리즘의 캡슐 건축에서 이미 좌절을 경험했다. 그 후 플라톤의 입체도형으로 회귀하고 보수화해 사회에 받아들여졌다.

플라톤 입체도형을 적용한 이소자키류, 구로카와류 볼륨은 순식간에 건축가, 건축설계사무소, 건설회사가 참고하는 모범 사례가 되었다. 플라톤식 볼륨이야말로 가장 모방하기 쉽고 가격 대비 성능이 가장 좋은 체계적 방법이었기 때문이다. 이 방법으로 세운 건축은 상자 같다는 야유를 받기도 했다. 볼륨이라는 방법의 본질에 정곡을 찌른 절묘한 명명으로, 고도성장기 사회, 정치, 경제 구조와 건축 디자인이 공모하는 현실을 지적하는 근사한 작명이었다. 단게 이후의 일본 현대 건축은 선을 버리고 볼륨으로 퇴화해 안이한 양산 체제로 달렸다. 상자를 등장시켜 정치, 경제와 나란히 달려간 것이다.

⑬ 이소자키 아라타, 군마현립 근대미술관群馬縣立近代美術館, 1974년

⑭ 클로드니콜라 르두Claude-Nicolas Ledoux, 파나레테온Panaretheon

⑮ 구로카와 기쇼, 에히메현 종합과학박물관愛媛県総合科学博物館, 1994년

나무 오두막에서의 출발

내가 건축을 배우기 시작한 1970년대 후반은 상자 전성시대였다. 이소자키와 구로카와가 상자로 가는 흐름에 앞장선, 프로파간다로서 주목받고 있었다. 그들은 화려한 담론으로 상자를 정당화하고 건축계 스타가 되었다. 내가 목조건축의 새로운 가능성을 탐색하는 우치다 요시치카内田祥哉, 1925- 와 변방 취락 연구로 알려진 하라 선생에게 관심을 갖고 그들 밑에서 배우려 한 이유는 콘크리트의 묵직하고 닫힌 볼륨감에 체질적으로 위화감을 느꼈기 때문이다. 우치다 선생이 말하는 일본의 목조도, 하라 선생이 주목한 변방 취락도 볼륨의 시대에는 전혀 친숙하지 않은 대상이었다. 그것들은 난잡한 선 집합체처럼 보여 상자에서 동떨어진 채 자유롭고 무정부주의적인 이물로 느껴졌다.

내가 나고 자란 집은 전쟁 직전에 외할아버지가 지은 조그마한 목조 집이었다. 도쿄 오이大井에서 의사였던 할아버지가 유일하게 취미 삼아 밭일에 사용한 작업장으로, 당시 바로 앞에 논과 밭이 펼쳐졌던 오쿠라야마역大倉山駅 근처의 작고 변변찮은 오두막이었다. 대부분 다다미畳가 깔렸고 방과 방은 벽이 아니라 맹장지로 나뉘어 있었다. 겨울에는 나무 창틀에서 새어드는 외풍으로 추웠다. 일본식 건축이라고 할 만한 세련된 집이 전혀 아니었다. 현관의 작업용 봉당이 쓸데없이 자리를 많이 차지했던, 나무와 흙과 종이로 만든 오두막이었다. 토벽은 금 간 데투성이고 벽이 갈라져 흙가루가 떨어진 탓에 다다미는 늘 거슬거슬했다.

그 오두막이 내게 심어준 아담한 스케일 감각과 틈새투성이로 생긴 투명감을 기준으로 주변 현실을 바라보았을 때 1964년 이후 일본 건축의 제복이 된 커다란 콘크리트 상자는 견디기 힘들 정도로 묵직하고 위압적이었다. 대학에서 건축학과에 진학하자 그 위화감은 더욱 강해졌다. 코르뷔지에나 반데어로에의 모더니즘 건축을 계속 숭배하던 시기의 건축 교육은 내게 고통일 수밖에 없었다.

가우디의 선

앞에서 말한 대로 1978년 겨울, 하라 선생과 함께 두 달에 걸쳐 아프리카 취락 조사 여행을 떠났다.⑯ 우리는 사륜구동차 두 대를 배에 실어 바르셀로나 항구로 보냈다. 겨울 동안 지중해에는 남쪽에서 불어오는 시로코Sirocco 계절풍이 너무 세서 아프리카가 아닌 스페인에밖에 컨테이너선을 댈 수 없었기 때문이다.

　시로코 덕분에 바르셀로나에서 처음으로 안토니 가우디Antoni Gaudí, 1852-1926의 작품을 실물로 볼 수 있었다. 실물을 보고 나서 가우디에 대한 인상이 바뀌었다. 묵직한 콘크리트 볼륨에 무작위로 깬 타일을 붙인 조형이 너무 강렬했기에 가우디가 볼륨의 사람으로 보여 경원시했더랬다.⑰ 하지만 실제 작품은 작고 섬세한 선으로 가득차 있었다. 특히 주철 조형이 아름다웠다. 그의 부친이 구리 세공 장인이었다고 하니 타고난 유전자가 있었을 것이다. 금속 디테일이 섬세해서 콘크리트에 타일을 붙이는 가우디의 이미지가 눈 녹듯 사라졌다. 그중에서도 마음에든 것은 야자수 잎을 형상화한 스크린이었다. 야자수 잎의 가늘고 날카로운 선이 압도적이었다.⑱

　가우디는 식물이라는 존재가 선의 원리 근저에 있다

⑯ 취락 조사 여행. 후지이 아키라, 사토 기온도, 구마 겐고,
다케야마 기요시, 하라 히로시왼쪽부터

⑰ 안토니 가우디, 콘크리트에 붙인 타일 조각, 구엘 공원Park Güell, 1914년

⑱ 구엘 공원의 야자수 잎 스크린

는 사실을 직감적으로 이해했다. 식물은 뿌리와 줄기의 선을 통해 땅속에서부터 물을 빨아올려 잎까지 옮긴다. 선에 몸을 지탱하고 몸을 유지한다. 식물이란 선 집합체였다. 아르누보에서 가우디에 이르는 세기말 건축가들은 그렇게 식물에 매혹되어 돌과 벽돌로 지은 볼륨의 건축물 대신 섬세한 선의 건축물을 짓기 시작했다.

하지만 다음 세대인 반데어로에를 경계로 식물의 선은 사라지고 미국의 공업력이 만든 선으로 대체되었다. 나는 공업화한 선에서 식물의 선으로 돌아가려 했는지도 모른다. 가우디나 아르누보의 세기말이 낳은 섬세한 선은 산업혁명과 19세기 선을 향한 비판이었다. 그러나 그 생명의 선은 얼마 가지 못했다. 새로운 20세기 공업의 선이 가우디의 선을 잠식해버린 탓이다.

점묘화법

바르셀로나에서 마르세유까지 자동차로 달려 마르세유항에서 알제리의 알제항으로 가는 페리를 탔다. 알제에서 내륙으로 향했고 코르뷔지에가 사랑한 도시 가르다이아에 짐을 풀었다. 멀리서 보면 도시라기보다 작은 언덕으로 보였다. 다가가서 보니 하얗고 조그마한 상자가 겹겹이 쌓여 하나의 언덕 같은 형상을 이루고 있었다.⑲ 자연히 생긴 언덕 위에 오랜 시간을 들여 희고 작은 상자를 계속해서 세운 결과 지형과 인공물의 중간쯤 되는 유기적인 취락이 형성되었다. 점묘화법으로 지형을 그린 듯한 취락으로 보였다. 취락을 구성하는 집 하나하나가 작다 보니 자연스럽게 점묘화법이 되었다.

아주 나중이 되어 컴퓨테이셔널 디자인의 개척자인 건축가 그렉 린Greg Lynn, 1964- 이 나의 건축을 점묘화법 건축이라고 평했다.「점묘화법」,《SD: Space Design》398호˙ 디지털 기술의 근본은 작은 점에 가깝기 때문에 그렉이 점묘화법에 관심을 가진 것은 당연하다. 컴퓨테이셔널 디자인이 화제가 된 1990년대가 오기도 전 내가 점묘화법에 눈을 뜬 계기는 가르다이아였다.

인간이 자연의 본질에 다가가려고 했을 때 점묘화

⑲ 가르다이아 취락

법이 생겨났다. 인상주의 화가 조르주 쇠라Georges Seurat, 1859-1891가 노르망디 바다를 그리려다가 점묘화법을 발견했다고 한다.⑳ 바다란 형태가 있는 대상이 아니다. 쇠라는 점이 반짝반짝 점멸하는 상태에 바다라는 자연의 본질이 있다는 것을 발견하고 점묘화법에 도달했다.

산은 형태가 있으니 윤곽을 따라 그릴 수 있다. 그와 다르게 바다는 물결이 치고 변하기 때문에 형태를 특정지을 수 없다. 내가 건축에서 시도하려는 것과 쇠라의 방법은 거의 같다. 건축을 형태에서 해방하고 노르망디 바다 같은 빛의 점멸로 되돌리고 싶다.

가르다이아에서 남쪽으로 더 내려가 사하라사막을 넘고 나서야 본격적인 취락 조사가 시작됐다. 사막이 끝나면 초원이 시작된다. 이른바 사바나 지대로, 사막과 열대 우림 중간에 펼쳐지는 거대한 열대 초원이다. 사막은

20 조르주 쇠라, 〈그랑캉의 오크곶Le Bec du Hoc, Grandcamp〉, 1885년

통과할 뿐이고 사람이 살지 않는 곳이다. 사바나로 들어서면 슬슬 인기척이 나고 차례로 취락을 만나게 된다. 오두막을 초원에 흩뿌린 듯한 콤파운드 주거 형식의 대가족이 사는 주택이다.

사바나 일대에 분포한 주거는 기본적으로 햇볕에 말린 벽돌을 쌓아 만든, 작고 닫힌 상자 집합체다. 배치와 배열은 이산적이고 확실히 흥미롭다. 그러나 가까이 다가가 바라보면 상자는 닫힌 볼륨이고 묵직하다.

열대 우림의 가는 선

열대 우림으로 들어서면 가볍고 투명해진 건축이 등장한다. 집을 짓는 기본 재료가 식물이고 가는 선이 주인공이다. 닫힌 볼륨의 세계가 끝나고 닫힌 선의 세계가 시작된다. 각각의 선은 평소 우리에게 친숙한 철이나 알루미늄선보다 훨씬 가늘다. 나뭇가지나 덩굴, 야자수 잎으로 구성되었기에 가느다란 것은 당연하다. 내가 태어난 오쿠라야마의 집에서 익숙히 본, 한 변이 10cm인 각재보다 훨씬 가늘고 섬세한 선의 세계가 열대 우림에 있었다.

한 번도 본 적 없는 가느다란 선이 등장해 취락의 배치도 형태도 안중에서 사라지고 아무래도 좋게 여겨졌다. 식물로 짠 바구니 안에서 바람과 그림자를 느끼며 낮잠을 자는 듯한 상쾌함을 느꼈다. 어린 시절 어머니가 밤이 되면 모기장을 치던 일이 떠올랐다. 식물의 섬유를 짜서 만들어 냄새와 촉감이 좋았기에 모기장 안으로 기어드는 순간은 지극히 행복했다. 어린 나에게 최고의 순간이었다. 선이 너저분하든 가지런하지 않든 가느다란 식물에 에워싸인 열대 우림의 사람은 무척 행복해보였다. 사바나 뒤에 찾아간 열대 우림 체험이 나를 새로운 선의 세계로 안내해주었다. 고도성장의 건설 붐 가운데 이소자키와 구로카와의 리더십으로 내버려진 선의 건축을 다시 부활시킬 중요한 단서를 사하라 여행에서 얻을 수 있었다.

　사하라 여행의 리더였던 하라 선생은 열대 우림의 식물 집에는 영 관심을 보이지 않았다. 아마도 그가 흥미를 느낀 수학이 전혀 보이지 않는다고 생각해서였는지도 모른다. 하지만 나에게 열대 우림은 새로운 수학의 보고로 느껴졌다. 이소자키, 구로카와와 거의 동세대인 하라는 어지럽고 잡음투성이인 꼴망태 건축에 관심이 없었다. 하라 역시 콘크리트 상자를 만들어야만 했던 세대의 숙명에서 벗어날 수 없었을 거라며 나는 조심성 없는 상상을 했다.

모더니즘의 선과 일본 건축의 선

이소자키, 구로카와, 하라 세대가 선을 포기한 이유는 그들이 모더니즘 건축의 거칠고 울퉁불퉁한 선밖에 몰랐기 때문이다. 돌이나 벽돌을 쌓는 조적조의 무게를 덜어내기 위해 모더니즘 건축은 선을 이용했다. 콘크리트나 철골로 선을 만들고 그 선으로 프레임골격을 짬으로써 20세기에 투과성 있고 확장 가능한 프레임 시스템이 완성되었다.

하지만 프레임과 선 사이에는 큰 격차가 있다. 콘크리트나 철로 기둥과 보를 만들고 프레임을 만드는 방식이 모더니즘의 기본이었다. 이미 이야기했지만 프레임 구조라면 20세기의 허접한 구조 계산술로도 충분히 계산할 수 있었다. 기둥 간격은 10m 전후가 가장 효율적이다. 콘크리트로 만들면 기둥은 1×1m 정도가 된다. 보의 높이도 1m가량이다. 한 변이 1m라는 거칠고 투박한 치수가 모더니즘 건축의 표준이었다. 조적조는 벗어났지만 오히려 울퉁불퉁하고 살풍경한 공간이었다. 프레임 구조로 가능한 10×10m 넓이의 기둥 없는 공간이 공업화 사회에서 필요로 하는 바와 일치했다. 한 변이 10m인 공간을 준비하고 사물이나 사람이 그 사이를 자유롭게 움직인다는 것이 20세기라는 시대의 요청이었다.

기둥이 없는 공간에서의 자유로운 이동은 뉴턴 역학의 꿈 그 자체다. 사물이 운동방정식에 따라 텅 빈 공간 안을 이동한다는 뉴턴류의 이야기. 20세기가 되어 건축은 드디어 17세기 뉴턴 역학을 따라잡았다고 할 수 있다. 건축은 늘 뒤늦다. 철학자나 수학자의 꿈을 수백 년이 지나 겨우 따라잡을 숙명이었다. 건축은 늦깎이였다.

가까스로 뉴턴을 따라잡은 모더니즘 건축의 1m 프레임은 나에게 콘크리트 감옥처럼 느껴졌다. 거칠고 투박한 프레임은 20세기 들어 한꺼번에 증식해 세계 도시를 뒤덮었다. 섬세하고 부드러운 인간의 신체에 비하면 너무 위압적이었다. 도시에서도 집에서도 인간 스케일은 사라졌다. 사람들은 굵은 프레임에 겁을 먹으며 뉴턴의 곰팡이가 핀 200년 묵은 꿈과 살게 되었다.

그것에 비하면 일본 목조 건축을 구성하는 선은 훨씬 섬세하고 인간의 신체를 위협하지도 않았다. 기둥도 보도 대체로 단면 치수가 10cm 이내이고 길이도 3-4m였다. 혼자서도 충분히 옮길 만한 크기와 무게의 섬세하고 부드러운 선으로 모든 공간이 구성되었다. 일본에는 그런 아름다운 선의 기술과 디자인이 잠들어 있었다.

전통 논쟁과 조몬의 굵은 선

전후 일본 모더니즘이 처음부터 전통 목조에 관심이 없었던 것은 아니다. 전후 초기 모더니즘 건축에서 나무나 철로 만든 섬세한 프레임은 지금 봐도 신선하다. 단게가 마에카와구니오前川國男건축설계사무소 시절에 담당한 기시기념체육회관岸記念体育会館이나 세이조成城에 지은 자택은 전통 목조의 가느다란 선에 다가가려는 의욕을 보인 작품이다.㉑㉒ 그러나 국립 요요기 경기장의 가는 케이블을 마지막으로 일본 건축가들은 가는 선을 잊고 투박한 콘크리트 프레임으로 흘러갔다.

그 전환에는 1950년대 전후 건축계를 뒤흔든 전통 논쟁도 한몫했다. 이때 여성스럽고 섬세한 야요이弥生 문화와 남성적이고 강한 조몬繩文 문화로 양자 대비가 이루어졌다. 건축가 시라이 세이이치白井晟一, 1905-1986가 속한 조몬파는 전후 초기 가는 선의 모더니즘이 야요이에 가깝고 유약하다며 조몬으로 돌아가지 않으면 안 된다는 내용을 주장했고 야요이파는 그에 눌리는 분위기였다. 단게의 제자 이소자키는 스승과 정반대인 시라이의 조몬적이고 부피가 있는 디자인에 영향을 받으며 포스트 요요기의 볼륨 시대를 이끌었다.㉓ 조몬파 대표는 '폭발'의 예술가 오

21 마에카와구니오건축설계사무소·단게 겐조, 기시기념체육회관, 1941년

22 단게 겐조, 단게의 자택, 1953년

23 시라이 세이이치, 원폭당 계획, 1955년

(24) 단게 겐조, 축제 광장, 1970년

카모토 다로岡本太郎, 1911-1996였다. 1970년대 오사카 만국 박람회에서 단게가 설계한 축제 광장의 스페이스 프레임 space frame 지붕을 오카모토의 '태양의 탑=굵은 선'이 무너 뜨렸다.㉔ 총감독이었던 단게가 오카모토를 불렀는데 결 과적으로 폭발을 묵인했다. 단게는 야요이파라는 사실에 열등감을 느끼고 스스로 야요이를 넘어서려 한 것이다. 일 본 철강 산업의 정수를 모아 건설한 스페이스 프레임의 선 을 조몬이 깨부쉈다. 오카모토의 굵직한 기념물은 고도성 장 중인 일본이 투지 있게 굵은 선에 끌려가고 있음을 훌 륭하게 상징한다. 전통 논쟁은 선에서 볼륨으로 기울어가 는 고도성장기 일본 건축의 예고편이었다.

고도성장 중인 '굵은' 일본 안에서 가는 선을 추구한 무리는 '와和의 대가'로 불린 건축가뿐이었다. 요시다 이 소야吉田五十八, 1894-1974, 무라노 도고村野藤吾, 1891-1984는 단 게, 이소자키, 구로카와와는 다른 세계, 이른바 전통 예능 담당자 같은 존재처럼 요정, 다실, 고급 주택을 설계하는

㉕ 요시다 이소야, 옛 기타무라 저택
北村邸의 알루미늄 발, 1963년

㉖ 무라노 도고, 옛 지요다생명 본사
千代田生命本社의 다실 차양, 1966년

㉗ 무라노 도고, 제국호텔帝国ホテル의 다실 도코안東光庵, 1970년

특수한 건축가로 건축계에서 관심 밖이었다. 당시 일본은 그런 식으로 일본 전통 건축의 가는 선을 배제했다.

와의 대가가 추구한 가는 선은 오늘날에 봐도 놀랄 만큼 섬세하다. 단지 섬세할 뿐만 아니라 현대 소재를 사용해 더욱 가는 선을 추구했다. 요시다는 가느다란 알루미늄 파이프로 발簾을 만들고 무라노는 본기와를 대신해 패널로 가는 선이 드러나는 처마를 실현했다.㉕㉖ 단게, 이소자키, 구로카와로 대표되는 모더니즘 건축가가 볼륨에 아름다운 실루엣을 주는 데에만 관심을 가진 한편 요시다와 무라노는 현대 소재를 활용해 섬세한 점·선·면을 만드는 일에 계속해서 도전했다.㉗ 그런 의미에서 그들이야말로 모더니스트였다. 특히 이소자키와 구로카와가 서양 고전주의를 배워 상자로 회귀한 뒤에는 요시다와 무라노 쪽이 전위라고 느꼈다. 하지만 건축계는 그들의 지혜와 그들이 달성한 결과를 무시했다.

이동하는 일본 목조의 선

일본 전통 목조의 선은 단지 가느다랄 뿐만 아니라 자유롭게 이동할 수 있다는 점에서 시대를 앞선 기법이었다. 우선 생활 변화에 따라 맹장지와 장지문처럼 선으로 구성된 창호를 자유자재로 움직였다. 이는 20세기 사무 공간을 지배한 가동 칸막이의 전신이면서 한편으론 그보다 훨씬 가볍고 세련된 것이었다. 심지어 건축을 지탱하는 주요 구조물인 기둥조차 완성된 후 자유롭게 움직일 수 있었다.

그 비밀은 일본 건축의 더그매에 있었다. 천장과 지붕 사이를 일컫는 더그매에 와고야和小屋라는 나무 정글짐 같은 골조를 삽입하면 확실한 강성이 생겨 지붕이 견고해진다. 따라서 기둥을 얼마든지 이동시킬 수 있다. 이토록 유연한 시스템이 14세기 일본에서 완성되었다.[28]

움직이는 기둥은 세계 어디에서도 그 예를 찾아볼 수 없다. 서양 건축의 근대화는 벽을 없애고 기둥과 보의 프레임으로 큰 공간을 확보하는 일이었다. 모더니즘 건축이 추구한 유연성이자 생활의 자유였다. 일본 목조 건축은 이를 훨씬 앞서간 형태다. 방 배치를 바꿀 때 기둥 위치까지 움직이는 것이다. 뉴턴 역학의 조잡한 공간과 굵은 기둥 대신 일본식 기둥과 보는 두 변이 10cm 전후의 각재로 매

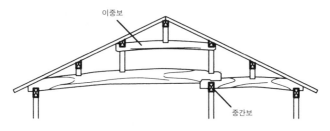

이중보

중간보

(28) 일본식 오두막 골조의 이중보와 중간보

우 가늘다. 또한 고정된 공간 대신 유연하게 변하는 공간을 확보했다. 일본인은 굵고 움직이지 않는 선프레임이 아닌 가늘고 섬세하게 움직이는 선을 14세기에 이미 손에 넣었던 것이다. 20세기 모더니즘이 만든 경직된 큰 공간을 넘어서려고 했을 때 전통 목조에서 묘안을 얻을 수 있었다.

와의 대가들은 이동 가능한 선에 다양하게 도전했다. 요시다의 기타무라 저택에서는 칸막이 위치를 바꿀 때 기둥을 떼어내고 창틀도 창호와 함께 옮겨 없앨 수 있었다. (29) 그렇게 하면 기둥과 바닥의 마룻귀틀이 사라지고 아무것도 없던 것처럼 다다미만 남는다. 요시다가 개축한 신키라쿠新喜楽에서도 홀에 있는 거대한 칸막이가 전동 장치로 움직이면서 중간 홀이 순식간에 대형 홀로 변신한다. (30)

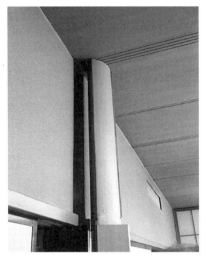

㉙ 옛 기타무라 저택의 칸막이

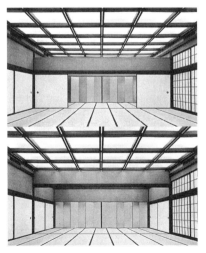

㉚ 요시다 이소야, 1940년 이후 여러 번 개축한 신키라쿠 홀

중심선 치수와 안목 치수

일본 전통 목조에서 아주 흥미로운 부분은 기둥이나 보를 다룰 때 기준을 중심선에 두는 중심선 치수와 윤곽선에 두는 안목 치수를 훌륭하게 가려 썼다는 점이다.㉛

　　오래전부터 일본 목수는 중심선을 기준으로 도면을 그리고 안목 기준으로 시공했다. 민가를 지을 때 통나무를 그대로 사용하거나 구부러진 재목을 가공하지 않은 채 사용하는 일이 많았기 때문에 중심선이 아니면 나무의 '살아 있는 선'을 사용할 수 없었다. 전통 목조는 살아 있는 선에서 시작되었다.㉜ 땅을 파서 짓는 조몬의 수혈식竪穴式 주거 이래 살아 있는 선이다. 그러나 다다미의 출현으로 상황이 변했다. 헤이안 시대 귀족층이 살던 신덴즈쿠리寢殿作り 주택에서는 마루가 기본 바닥이고 다다미를 가구나 방석처럼 마루 위에 놓았다.㉝ 무로마치室町 시대에 이르러서야 마루에 다다미를 깔았다. 한정된 좁은 공간을 쾌적하게 쓰려면 다다미를 까는 편이 한결 효율적이었다. 다다미를 전면에 깔면 기둥 중심이 아니라 기둥 윤곽, 즉 기둥 면이 중요해진다. 기둥 면과 면 사이 거리로 한정된 평면 안에 다다미를 빈틈없이 깔아야 하기 때문이다.

　　생활 양식이 변화하면서 중심선 치수 건축에서 안목

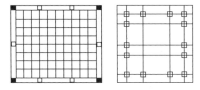

③1 중심선 치수와 안목 치수

③2 오가네케大鐘家의 전통 목조, 에도 시대

③3 다이토쿠지大德寺 내 신주안真珠庵의 다다미, 무로마치 시대

치수 건축으로 바뀌었다. 이런 변화는 사람이 고밀도로 모이는 도시에서 시작되었다. 한정된 공간에 다다미를 효율적으로 깔기 위해서는 중심선 치수보다 안목 치수가 더 현실적이고 경제적이었다. 다다미 규격은 지역에 따라 다른데, 그중 교마京間, 관서 지방 규격는 3.15×6.3척95.5×191cm으로 고정하고 그에 맞춰 기둥 위치를 정한다. 안목 치수로 공간이 결정되므로 이사할 때 같은 다다미를 가져갈 수 있다. 한편 2.9×5.8척87.9×175.8cm을 기준으로 하는 에도마江戶間, 관동 또는 동북 지방 규격는 기둥 중심 사이를 약 3척, 6척, 9척으로 정한다. 그렇게 계획한 평면을 임시변통으로 메우기 때문에 다다미는 불규칙한 치수가 되므로 이사할 때 가져갈 수 없다. 교토의 방법은 도시적이고 근대적인 데 반해 에도의 방법은 전원적이고 민가적이다. 일본에서는 두 가지 방법을 교묘히 구분해 사용했다. 선에도 굵기가 있고 벽에도 두께가 있다는 사실을 중심선 치수와 안목 치수로 적절히 해결했다. 교토에서도 에도에서도 목수는 건축 부위에 따라 중심선 치수와 안목 치수를 가려 썼다. 오늘날에도 두 방법을 가려 써가며 복잡한 현실에 유연하게 대응한다.

　　서양 건축가에게도 선에 굵기가 있고 벽에 두께가 있다는 사실은 언제나 골칫거리였다. 중세에는 연속된 아치를 따라 배열한 쌍기둥이나 가는 기둥을 한데 묶은 다발 기둥으로 문제를 해결했다.㉞㉟ 기둥을 여러 개 묶으면, 기둥이 반복되는 그리드 구조와 두꺼운 벽을 지탱하는 아치 구조를 동시에 유지할 수 있었다.

(34) 산타 마리아 에 산 도나토 성당Santa Maria e San Donato의 쌍기둥, 12세기

(35) 생트샤펠 성당Sainte-Chapelle의 다발 기둥, 13세기

㊱ 필리포 브루넬레스키, 산 로렌초 성당Basilica di San Lorenzo, 15세기

그러나 르네상스 시대를 연 브루넬레스키는 이런 해결책을 싫어했다. 그는 인간의 뇌가 구상하는 추상적 기하학과 물질로 구성된 현실 사이에 어쩔 수 없이 존재하는 차이를 무척 민감하게 받아들인 건축가였다. 따라서 그 어긋남을 요소의 단편화斷片化로 해결했다.㊱ 오늘날에 봐도 전위적인 방법이다. 아치나 기둥 같은 요소가 때로 콜라주 회화처럼 단편화해 공간을 떠도는 이 방법은 양식에 무지해 나온 결과라고 비판 받았지만, 그는 도식적이고 관념적으로밖에 사고할 수 없는 인간이 물질로 구성된 복잡한 세계를 살아갈 때 겪는 곤란함, 그 비극과 희극을 처음으로 드러냈다. 브루넬레스키는 그 곤란함을 단편화로, 일본 목수는 중심선 치수와 안목 치수로, 중세 장인은 쌍기둥과 다발 기둥으로 해결했다. 그중 나에게 가장 끌린 것은 선을 무수히 늘어놓는 고딕식 다발 기둥이다.

히로시게의 작품 속 가는 선

일본 전통 목조가 오랜 시간에 걸쳐 연마한 가늘고 이동하는 선을 되찾을 수 없을까? 아니면 아프리카 열대 우림의 꼴망태 같은 가느다란 선을 현대 건축에 도입할 수 없을까? 가는 선이 부활했을 때 어떤 건축이 탄생하고 어떤 도시가 생겨나며 인간과 선은 어떤 관계를 맺게 될까?

　내가 이 과제를 의식하고 처음으로 선에 몰두한 작업이 나카가와마치 바토히로시게 미술관那珂川町馬頭広重美術館이었다.㊲ 에도 시대 말기에 활동한 우키요에浮世絵 화가 우타가와 히로시게歌川広重, 1797–1858의 미술관 설계를 의뢰받고 히로시게 작품을 연구하며 그에게 선이 얼마나 중요했는지를 알았다. 그중 결정적 계기를 만들어준 그림이 〈명소 에도 100경名所江戸百景〉의 〈아타케 다리에 내리는 소나기大はしあたけの夕立〉다.㊳

　〈아타케 다리에 내리는 소나기〉 속 가는 선은 예술계에 혁명을 가져온 두 명의 예술가에게 아주 큰 영향을 주었다. 한 사람은 인상파의 거장 빈센트 반 고흐Vincent van Gogh, 1853–1890이고, 다른 한 사람은 20세기 모더니즘 건축의 거장이자 건축의 투명화를 처음으로 주도한 미국 건축가 프랭크 로이드 라이트다.

③⑦ 나카가와마치 바토히로시게 미술관, 2000년

〈아타케 다리에 내리는 소나기〉를 유채로 모사한 고흐는 자신이 존경하는 예술가로 같은 네덜란드 출신 렘브란트, 그리고 동세대 화가 세잔과 동격인 동방 섬나라의 히로시게를 언급한 바 있다.③⑨ 고흐가 히로시게를 칭찬했다니 너무나도 뜻밖이다.

라이트는 히로시게, 오카쿠라 덴신岡倉天心, 1863-1913과 만나지 않았더라면 자신의 건축이 세상에 나오지 못했을 거라는 글을 남겼다. 그중 〈명소 에도 100경〉 시리즈는 라이트에게 특별한 작품이었다. 1950년 탈리에신Taliesin에서 열린 강연에서 그는 "〈명소 에도 100경〉은 지금까지 본 풍경화 아이디어 중에서 가장 위대하다. 예술사에서도 완전히 독보적이다."라며 절찬했다.

그렇다면 〈아타케 다리에 내리는 소나기〉의 어떤 점이 두 예술가를 사로잡았을까? 빗줄기에 그 비밀이 있었다. 두 사람은 19세기까지 서양 화법은 묵직한 볼륨이 지

38 우타가와 히로시게, 〈아타케 다리에 내리는 소나기〉, 1857년

39 빈센트 반 고흐, 〈자포네즈리: 빗속의 다리Japonaiserie: Bridge in the Rain〉, 1887년

배하는 묵직한 세계였다고 느끼며 볼륨을 해체하려고 고투했다. 두 사람이 히로시게의 선과 만나고 히로시게를 중간 다리 삼아 새로운 세계에 발을 내디딘 것이다.

〈아타케 다리에 내리는 소나기〉의 선을 자세히 살펴보자. 제일 앞쪽에 소나기 선이 그려져 있다. 그 선의 다발로 층이 하나 출현한다. 유럽 회화의 기본인 투시도법을 적용하지 않고도 엷은 층이 중첩한 공간에 3차원 수준의 깊이가 생겼다.

르네상스에 등장한 투시도법은 가까이에 있는 대상을 크게, 멀리에 있는 대상을 작게 그리는 원리다. 원근법으로 3차원의 깊이가 쉽게 표현된다. 한편 히로시게는 투시도법과 완전히 다른 방법으로 공간의 깊이를 표현했다. 〈아타케 다리에 내리는 소나기〉에서 강을 건너는 다리가 먼 곳을 향하는데도 폭이 좁아지지 않는다. 같은 폭 그대로 맞은편에 도달한다. 다리를 지탱하는 보가 가느다란 선으로 구성된 투명 스크린으로 그려진다. 선이 만드는 투명감으로 강의 폭과 깊이가 표현된다. 가는 목재를 짜서 만든 목조 다리이기 때문에 다리를 투명한 스크린으로 표현할 수 있게 되었다. 목조의 선과 투명감은 가르기 힘들 정도로 깊게 결부되어 있다. 목조와 공간의 깊이는 연결되어 있다. 일본은 목조의 나라이기에 투시도법이 필요하지 않았다고도 할 수 있다.

여기서 주목해야 할 것은 비라는 자연 현상이 직선이라는 수학적이고 추상적인 존재로 치환되었다는 점이다.

미술사가들은 이 치환이 아주 동양적이어서 전통 서양 회화에서는 일어날 수 없었다고 지적한다. 자연이란 모호하고 막연하며 형태가 없는 존재이기에 산뜻한 기하학 형태를 띠는 인공물과 애초에 대조적이고 이질적이라는 점이 서양 회화의 대전제였다. 인공과 자연은 대립하고, 인공은 상위에 자연은 하위에 위치한다는 자연관이 서양 회화의 기본이었다.

19세기 서양 교회에서 '자연의 발견'이 일어났다고 한다. 그 발견의 중심인물인 영국 화가 윌리엄 터너William Turner, 1775-1851나 존 컨스터블John Constable, 1776-1837은 그때까지 회화의 대상이 된 적 없는 자연에 주목하고 자연을 회화의 주역으로 끌어올렸다.⑩⑪ 하지만 풍경화가로 불리는 그들이 그린 자연은 여전히 명확한 형태 없이 모호하고 희미한 존재였다. 터너나 컨스터블이 취한 기본 방법은 배나 건축물처럼 명쾌한 대상과 형태 없이 모호한 자연 현상의 대비였다. 그 대비의 배경에 자연을 인간의 통제가 미치지 않는, 정체를 알 수 없는 모호한 대상으로 여기는 일종의 인간중심주의적 오만이 존재했다. 풍경화가도 인간중심주의를 넘어설 수 없었다.

히로시게의 〈아타케 다리에 내리는 소나기〉에서는 다리도 비도 똑같이 기하학적이고 추상적인 직선이다. 거기에는 인간 대 자연이라는 대비도, 인공물이 위고 자연이 아래라는 인간중심주의적인 위계도 없다. 인공물과 자연이라는 분류 자체가 애초에 존재하지 않고, 모든 것이

40 윌리엄 터너, 〈전함 테메레르Fighting Temeraire〉, 1838년

41 존 컨스터블, 〈건초 마차The Hay Wain〉, 1821년

똑같고 평등한 존재로서 동일한 평면 위에 배치되고 겹겹
으로 층을 이룬다.

이런 동서양 자연관의 차이를 비교한 연구는 수없이
많다. 예컨대 서양인의 뇌는 벌레 소리를 불쾌한 잡음으
로 인식하고 반대로 일본인은 음악도 벌레 소리도 뇌의
같은 부위에서 처리한다는 식의 연구다.

거기서 더 깊이 들어가는 것이 본론의 목적은 아니
다. 다만 〈아타케 다리에 내리는 소나기〉의 선에서처럼 인
공물과 자연을 동렬에 두는 방법은 히로시게 미술관의 선
디자인에 중요한 열쇠가 되었다. 자연이란 무엇인가 인공
물이란 무엇인가를 생각하는 계기가 되었다.

소나기의 건축

히로시게 작품을 소장하고 전시하는 히로시게 미술관은
〈아타케 다리에 내리는 소나기〉와 같은 건축으로 디자인
해야겠다고 생각했다. 어떻게 하면 작품 속 비를 건축화할
수 있을까? 우선 대지 뒤쪽에 펼쳐지는 야미조산八溝山에
서 베어온 아름다운 삼나무를 재료로 결정했다. 전통적으
로 일본 목수는 건축 가까이에 있는 목재를 최상의 재료로
생각하고 사용했다. 그렇게 하면 뒷산의 땅과 기후에서 태
어난 선과 산기슭에 세운 건축을 구성하는 선이 동일한 온
도, 습도, 일조 조건에 놓인다. 가까운 산에서 벤 나무를 사
용하면 뒤틀림이나 휨 변형이 생길 위험이 적다.

　뒷산과 건축물 안에 동시에 존재하는 두 개의 선이
같은 온도와 습도를 가진 공기 안에서 공명한다. 선이란
추상적인 존재가 아니라 생물이다. 선의 공명에 귀를 기
울이는 사이 뒷산 삼나무 숲에서 건축, 실내로 이어지는
그러데이션gradation이 떠올랐다. 자연에서 인공물, 신체로
이어지는 완만한 그러데이션을 만들 수는 없을까? 히로
시게의 〈아타케 다리에 내리는 소나기〉에서 비, 다리, 강,
건너편 숲을 향해 레이어가 겹치듯 뒷산 삼나무 숲에서
보잘것없는 신체에 이르는 그러데이션을 레이어의 겹침

㊷ 바토히로시게 미술관의 삼나무 목재

으로 만들 수는 없을까?

　　본래 일본 건축은 그러데이션으로 디자인했다. 선으로 구성된 일련의 투명한 창호유리문, 발, 장지문가 레이어를 구성하고 자연과 신체 사이를 완만하게 조정한다. 인간의 몸 주위에도 의복이라는 레이어의 집합체가 존재해 부드러운 신체를 지킨다. 열두 겹을 걸치는 고전 의상 주니히토에가 레이어의 궁극적인 모습이다. 안으로, 안으로 물러나는 듯한 그러데이션이 인간을 때로는 밖으로, 때로는 안으로 꾀며 생활을 부드럽게 감싸며 보호한다. 일본에서 건축은 엄중한 주위에서 다소 멀리 떨어진, 느슨한 레이어의 연속이었다.

　　우선 뒷산에서 가장 가까이, 자연에서 가장 가까이에서 벤 삼나무를 가공하고 늘어놓아 선을 만들었다.㊷ 삼나무 숲 자체가 선이다. 그것을 베어내 가공하면 선은 더욱 가늘어지고 가지런해진다. 히로시게는 물방울의 집합체인 비를, 그 직선을 추상화해 화면에 투명감을 주었다.

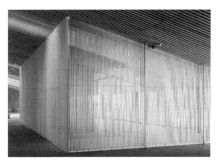

㊸ 화지로 감싼 삼나무 목재

삼나무도 같은 방식으로 조작했다. 목재의 단면 치수를 3×6cm로 하고, 선처럼 보이게 할 날카로운 인상을 내기 위해 정면 폭 3cm, 깊이 6cm가 되도록 배열했다. 그렇게 함으로써 정면에 가는 선을 만들고 깊은 그림자가 지도록 구성했다. 목재 간격은 12cm로 정해 선과 선 사이에 충분한 틈을 두어 공간이 뚫린 느낌을 중요시했다.

삼나무 목재가 이룬 첫 번째 레이어 안쪽에 유리로 된 레이어가 실내외 공기를 가른다. 테두리가 없는 모양새로 유리를 붙였기 때문에 존재가 거의 드러나지 않는다. 더 안쪽에 같은 단면 치수의 삼나무 목재를 늘어놓고 그것을 화지和紙로 감쌌다.㊸ 목재를 하얗고 얇은 화지和紙로 감싸니 선이 살짝 부드러워지면서 질이 바뀌었다.

히로시게는 선의 질에 유별나게 예민했다. 목판 인쇄업자가 만든 목판화라는 예술이 선의 질에 전면적으로 의존했기 때문이다. 목판화에서는 또 한 사람의 작자가 존재했다. 목판 인쇄업자가 어떻게 선을 표현하고 정의하는

(44) 우타가와 히로시게, 〈쇼노〉, 1833년경

가에 따라 인쇄물은 다른 표정을 보인다. 히로시게와 목판 인쇄업자는 나무의 부드러움을 최대한 이용해 계속해서 선에 다채로운 표정을 주었다.

칸딘스키가 판화에서 많은 것을 배웠듯 판화는 점·선·면을 다루는 방식에도 많은 힌트를 준다. 판화를 만드는 작업에 많은 타자가 개입해서인데, 라투르식으로 말하자면 수많은 행위자가 참여하기 때문이다. 목판 인쇄업자도 행위자이고 목판도 안료도 물도 행위자다. 행위자들의 다양한 협력과 저항을 통해 작자는 형태나 색채 배후에 있는 점·선·면의 비밀을 접한다.

마찬가지로 히로시게가 그린 〈도카이도 53역참東海道五十三次〉의 〈쇼노庄野〉를 보면 그들이 얼마나 선의 질에 집착했는지를 알 수 있다.(44) 사소한 굵기 차이로 깊이가 표현되고 평면 안에 3차원이 출현한다. 선을 이용해 어떤 형태 어떤 실루엣을 그릴지 고민한 서양 화가와 선의 질에 집중한 히로시게의 기법은 극과 극을 달린다. 〈쇼노〉에서

㊺ 가는 삼나무 살에 화지를 바른 북장지

그린 것은 형태도 색채도 아니고 선의 중층뿐이다. 그것이 실제 쇼노와 어떤 관계가 있는지는 알지 못한다. 히로시게는 〈쇼노〉라는 제재를 빌려 선을 실험했고 선과 세계의 관계를 탐구한 것이다.

화지로 감싼 선 안쪽에는 가느다란 삼나무 살에 화지를 바른 북장지가 있다.㊺ 북장지는 나무 프레임 전체를 화지로 감싸 붙인다. 주변에 삼나무 숲이 있고 첫 번째로 등장하는 레이어는 그대로 드러난 삼나무 목재, 두 번째 레이어는 유리, 세 번째 레이어는 화지로 감싼 삼나무다. 네 번째 레이어에서 삼나무가 뒤로 물러나고 장지문을 덮는 화지가 주역이 되면서 화지의 부드러움이 드러난다. 세 가지 레이어에 공통으로 사용한 삼나무 치수는 똑같지만 삼나무에 화지라는 행위자를 어떻게 바르느냐에 따라 선의 질이 달라졌다. 선의 질은 변해도 12cm 간격이라는 선의 리듬은 변하지 않는다. 리듬은 같지만 악기가 다르다. 연주 방법이 다르다는 뜻이다.

이처럼 단계적으로 선을 변화시켜 종류가 다른 선으로 레이어를 만들면서 자연과 신체를, 밖과 안을 원활하게 연결하려고 했다. 투시도법을 사용하지 않는 아시아, 그것을 필요로 하지 않는 아시아에서는 이 기법을 오랜 시간에 걸쳐 세련되게 다듬어왔다. 회화에서도 건축에서도 투시도법에 의존하지 않고 깊이를 표현해 신체와 세계가 원활하게 연결되었다. 히로시게는 그것을 훌륭하게 다루었다. 그 결과 서양의 고흐나 라이트가 뒤흔들릴 정도로 선을 잘 다루는 경지에 이르렀다.

V&A 던디의 선묘화법

히로시게 미술관을 설계하며 자연의 선과 인공의 선은 어떤 차이일까 하는 문제에 봉착했다.

히로시게 미술관의 기본 원리는 뒷산 삼나무의 자연 그대로 드러난 거친 선에서 가장 안쪽 화지에 드리운 그림자의 가느다란 선에 이르는 그러데이션이다. 조몬에서 야요이, 헤이안, 다실로 이어지는 그러데이션이라고 해도 좋다. 삼나무숲은 나무껍질이 붙은 채이고, 게다가 무작위로 배열된다. 히로시게는 무작위한 선의 의미와 효과를 이미 알고 있었다. 비를 그릴 때도 균일하고 가느다란 선이 만드는 간결한 리듬 속에 선을 무작위로 섞어 넣었다. 히로시게는 자연이 고르지 못한 규칙을 따른다는 점을 이해하고 각도가 다른 선을 빗속에 섞어 넣어 인간이 그린 선을 자연의 비로 승화시켰다.

스코틀랜드에서 빅토리아&앨버트 뮤지엄Victoria and Albert Museum의 분관 V&A 던디V&A Dundee를 설계할 때 이 방법을 응용해 외벽을 디자인했다. V&A의 대지는 던디 남쪽 끝 태이강 하구에 면해 있었고 우리는 강으로 내뻗듯 건물을 디자인했다.⁴⁶ 실제로 건물 일부를 물속에 세웠다. 보통 자연의 위협으로부터 건물을 보호하려다가

㊻ V&A 던디, 2018년

건물이 자연과 거리를 두고 세워져 자연과는 이질적인 것이 되고 다른 영역에 속하게 된다.

서양 건축 디자인에서는 기본적으로 자연과 건축의 차이와 거리감을 강조한다. 차이를 보이기 위해 건축을 기단에 세우고 그것도 모자라 필로티라는 이름의 기둥으로 건축을 공중에 띄운다. 필로티를 낳은 20세기 모더니즘 건축도 서양 건축에서 정통의 한 갈래였다.

우리는 강물에 건물을 세워 자연과 인공물의 중간 지점에 속하는 사물을 만들고 자연과 도시를 이음새 없이 연결하려고 했다. 서양 건축을 지탱해온 자연과 인공물의 대비를 부정하고, 그 둘을 경계 없이 느슨하고 부드럽게 잇고자 했다.

그렇다면 자연과 인공물의 중간물질로 어떤 형태가 어울릴까? 이 질문에 힌트가 된 것은 던디 북쪽에 있는 오크니제도 해안 절벽이었다.㊼ 대지와 물의 접점에 순수한 기하학은 존재할 수 없다. 대지도 물도 수많은 노이즈

⑷⑦ 오크니제도 해안 절벽

를 포함하므로 그 접점이 되는 절벽은 필연적으로 일그러지고 흐트러지고 날뛴다. 해안가에 우뚝 솟은 절벽은 바다와 육지가 오랜 세월 서로 투쟁을 벌인 결과 도식적이고 미숙한 기하학에서 일탈해 주름, 즉 무작위한 선 집합체에 도달한다. 자유롭고 복잡한 그 선은 히로시게의 비처럼 무수한 노이즈noise를 포함한다.

그 절벽처럼 거칠고 무작위한 건축을 바다와 육지 경계에 세우고 싶었다. 인공 절벽을 만들 때 우리는 긴 막대 모양의 프리캐스트 콘크리트precast concrete, 현장이 아닌 공장에서 제작하는 콘크리트를 사용했다. 그렇게 만든 선과 선 틈에 미묘한 그림자가 생긴다. 그 그림자를 이용해 음영이 풍부한 절벽의 질감을 표현하려고 했다.⑷⑻ 프리캐스트 콘크리트의 선 사이에 생기는 그림자의 힘을 빌려 절벽이라는 자연에 도달하려고 한 것이다. 다시 말해 점묘화법이 아니라 선묘화법으로 계속 변화하고 복잡한 자연의 본질에 다가가려고 생각했다. 그림자는 계절의 변화, 시간의 변화에

㊽ 음영이 풍부한 절벽의 질감을 표현한 디자인

따라 다양하게 변화하며 다양한 표정을 드러낸다. 선은 여백을 만들기 위해 존재하고 주역은 여백 쪽이었다.

컴퓨터를 이용해 선의 길이와 각도, 선을 설치하는 방법에 대해 다양한 연구를 진행했다. 어떤 노이즈, 어떤 무작위성을 주면 프리캐스트 콘크리트라는 직선 모양의 공업 제품으로 자연이라는 거침에 다가갈 수 있을까?

거기에는 거의 무한에 가까운 수에 이르는 작은 단위 간의 무한한 조합이 존재한다. 그 무한 속에서 던디의 물가waterfront라는 유일무이한 장소에 어울릴 해답을 찾아내려면 컴퓨터 테크놀로지를 이용한 무한대 계산과 무한대 시행착오는 반드시 거쳐야 했다. 우선 프리캐스트 콘크리트의 막대 크기에 무한한 가능성이 존재하고, 단면의 형상에도 표면의 질감에도 무한한 가능성이 존재한다.

우리는 V&A 던디에서만이 아니라 다른 작업에서도 무수한 작은 점과 선을 모아 자연에 다가가고자 했다.㊾ 그것은 현재의 점묘화법이고 선묘화법이다. 쇠라가 생명

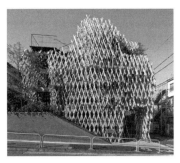

㊼ 서니힐즈 미나미아오야마점サニーヒルズ南青山店, 2013년

체처럼 역동하는 바다를 모사하려고 색을 붓질하는 대신 작은 점을 집합해 한 발짝 내디뎠듯 우리 역시 무수한 점과 선의 가능성을 이용해 자연에 다가가려고 한다. 우리가 무수한 점과 선을 조합하는 입자 디자인을 추구할 수 있는 것은 컴퓨터 테크놀로지 덕분이다. 컴퓨터의 도움을 받아 자연의 본질에 도달하려고 시도하는 것이다. 던디에서는 컴퓨터로 계산한 수많은 선택지 가운데 최종적으로 그 노이즈, 그 무작위성, 그 모호함에 도달할 수 있었다.

프리캐스트 콘크리트의 무작위한 집합체 한가운데에 커다란 구멍을 뚫었다. 구멍이라기보다 절벽에 움푹 팬 동굴에 가까운데, 정확히 던디 시내 중심가 유니언 스트리트를 향한다.㊿ 거리의 사람들은 뻥 뚫린 동굴로 빨려 들어갈 듯 강변에 들어선 절벽 같은 건물로 모여든다.

던디 해안가 일대는 창고만 늘어서고 인적이 드문 쇠퇴한 지역이었다. 공업화 사회가 전 세계에 남겨놓은 흔적이 이곳에도 존재했다. 자연과 인공물 틈새에 중간자적

50 절벽 동굴을 연상시키는 큰 구멍

존재를 만듦으로써 거리와 자연을 다시 연결했다. 절벽에서 많은 것을 배우고 히로시게의 〈아타케 다리에 내리는 소나기〉에서도 많은 힌트를 얻어 던디 거리는 다시 한번 바다와 연결되고 자연과 맞닿았다.

살아 있는 선과 죽은 선

선의 자유에 대해 생각해갈 때 영국 사회인류학자 팀 잉골드Tim Ingold, 1948- 의 『선*』*에서 많은 힌트를 얻었다.

잉골드는 선에 두 가지 종류가 있다고 정리한다. 하나는 실thread이고 다른 하나는 궤적trace이다. 그는 애초에 선에 대해 생각한 것이 아니라 발화speech와 노래song가 어떻게 구별되는가에 관심이 있었다. 서양에서는 음악을 언어 예술로 이해했다. 언어와 음은 구별되지 않고 음악의 본질은 언어의 울림에 있다고 생각했다. 그러나 언젠가부터 음악이란 언어 요소를 제거한 무언가無言歌라고 인식되어 음악은 말을 잃고 언어는 음을 잃어 침묵하게 되었다. 그 과정에 대해 생각하던 잉골드는 기술writing 행위가 침묵을 낳은 게 아닐까 하는 생각에 이른다. 마찬가지로 선도 모든 것을 포함하는 자유로운 실과 그 실의 움직임을 2차원 평면에 놓고 기록한 궤적이라는 두 종류의 선으로 구분하기 시작했다.

잉골드가 구분한 선은 내가 「방법서설」에서 언급한 양자역학에서의 선을 떠오르게 한다. 작은 개미에게 호스는 세로로도 가로로도 돌아다닐 수 있는 자유로운 공간이지만 새처럼 커다란 동물에게는 한 방향으로밖에 이동할 수 없는 자유롭지 못한 공간이다. 현대 양자역학은 이런 식으로 상대적 관점에서 선을 정의하고 차원의 존재를 상대적으로 다시 정의했다.

잉골드도 마찬가지로 선을 실과 궤적 두 종류로 구분했다. 그 구분법은 양자역학에서의 선 구분과는 미묘하게 달랐다. 양자역학에서는 선과 주체의 상대적 대소 관계에 따라 선을 두 가지로 분류했다. 또한 시간 개념을 도입해 자유로우며 계속 생성되고 살아 있는 선과 사후에 생성되는 각인으로 남겨진 죽은 선을 구분했다.

이런 대비는 일본 전통 목조에서 중심선 치수와 안목 치수의 대비를 상기시킨다. 중심선 치수로 정의한 목재는 살아 있는 선이다. 한편 안목 치수로 정의한 목재는 평평하고 매끄러운 표면을 가진, 베어낸 나무를 목재로 만든 죽은 선이다.

필식론의 선

그러나 선의 삶과 죽음이 그렇게 명확한 것일까 생각하기 시작했다. 서예가 이시카와 규요石川九楊, 1945- 의 필식론筆蝕論에서 핵심은 선의 삶과 죽음 사이의 경계가 잉골드가 말한 만큼 명확하지 않다는 것이다. 육체와 붓을 이용해 매일같이 선과의 대화를 되풀이하는 실제 작자이기에 선의 삶과 죽음 사이를 헤치고 들어가 그 경계에 직접 닿을 수 있었을 것이다.

이시카와는 『필식의 구조─쓰는 것의 현상학』*에서 서양의 경필펜, 볼펜과 동양의 연필붓에서 선을 긋는 '행위'와 그 결과로 나타나는 '흔적'의 관계가 다르다고 지적한다. 서양 경필의 경우 날카로운 끝으로 딱딱한 대상에 상처를 내기 때문에 작자는 자유롭게 행동하는 듯한 감각에 빠진다. 한편 동양 연필의 경우에는 가해진 힘과 반발하는 힘 사이에 '여유=어긋남'이 발생하는 과정이 전제된다. 말하자면 서양에서의 선은 행위로 남은 흔적이고 죽은 선이다. 반면 동양에서의 선은 주체와 객체의 어긋남 때문에 차마 죽을 수 없는 선, 계속 살아 있으나 깨끗이 체념하지 못하는 선이라고 나는 느낀다.

이시카와는 먹과 잉크색에 대해서도 언급한다. 서양

잉크의 검은색에서는 농담을 찾아내기 어렵다. 그 때문에 쓰는 행위의 흔적으로, 곧 죽은 선으로 인식된다. 동양의 먹은 그 안에 농담이 있고 먹물의 끊김이 있으며 선이 죽지 않고 살아남는다. 나는 서양과 동양의 선 차이를 이시카와에게서 배웠다. 동양에서는 삶과 죽음조차 모호하고 죽은 선 안에도 생명이 있고 숨소리가 들린다.

삶과 죽음의 경계를 헤매는 선

가루이자와軽井沢의 자작나무숲에 '바람이 통하는 자작나무와 이끼의 숲 예배당風通る白樺と苔の森チャペル'을 설계하면서 살아 있는 선과 죽은 선의 차이를 다양하게 사고하고 실험한 적 있다.⑤1 숲속 자작나무는 말 그대로 살아 있는 선이 되어 대지 위에 생생하게 서 있다. 나는 자작나무를 벌채한 상태 그대로 기둥으로 쓰려고 했다. 나무껍질이 붙은 채 살아 있는 선의 다발 구조로 건물을 세워 마트료시카 인형처럼 숲에 숨기는 것이다. 그렇게 살아 있는 선과 갓 죽었으나 그렇다고 완전히 죽지 않은 선을 병치해 삶과 죽음의 경계, 그리고 자연과 인공물의 경계가 얼마나 모호하고 불확실한지를 보여주었다.

　도치키현栃木県의 야미조 삼나무숲 옆에 세운 히로시게 미술관에서는 삼나무 목재로 만든 선에서부터 화지로 감싼 선에 이르는 그러데이션을 구성해 주변 숲과 건축의 경계를 지웠다. 살아 있는 선과 조금씩 죽음을 향해 멀어지는 선을 단계적으로 배치하며 자연과 인공물을 서로 녹여 넣으려고 했다. 가루이자와의 자작나무 숲속 예배당에서는 그 시도에서 한발 더 나아갔다. 나무껍질이 붙은 채 자작나무 줄기를 건축에 그대로 가지고와 죽음의 영역에

바람이 통하는 자작나무와 이끼의 숲 예배당, 2015년

속한 건축을 삶의 영역으로 돌려보냄으로써 건축이 삶과 죽음의 경계를 떠돌게 하려고 시도한 것이다.

자연 그대로의 자작나무 줄기로 기둥을 만드는 일은 기술적으로 어려웠다. 줄기 안에 가는 철제 선을 넣어 줄기로 건물을 지탱할 수 있게 되었다. 이 특수한 선으로 만든 인공 숲과 주변에 퍼져 살아 있는 삼나무숲이 만들어낸 선의 리듬감을 동조시키는 데 애썼다. 진짜 숲의 자유로운 리듬이 건축화한 자작나무 선의 리듬으로, 자기도 모르는 사이에 경계 없이 이행하지 않으면 안 된다.

자작나무의 삶과 죽음을 생각하는 동안 나무가 살아 있으면서도 실은 조금씩 죽어간다는 중요한 사실을 깨달았다. 나무가 성장하고 나이테가 생긴다는 것, 즉 연륜을 거듭해간다는 것은 나무 안에 조금씩 죽음을 쌓는 것과 같다. 그렇게 죽음의 영역을 늘리면서 비바람을 견딜 강한 뼈대를 만들며 혹독한 자연에서 살아남는다. 나무는 죽음으로써 살아간다. 나무는 풀보다 더 죽어 있다.

나무는 베어낸 후에도 온도와 습도의 변화에 따라 늘어나거나 줄어들며 호흡한다. 마치 살아 있는 것 같다. 노송나무를 베면 향기가 피어오른다. 노송나무는 아직 살아 있다고 외친다. 붓으로 그린 동양의 글씨처럼 나무라는 선 역시 생사의 경계를 떠돈다.

기둥 배치와 마찬가지로, 또는 그 이상으로 중요하다고 생각한 것은 대지의 연속성이다. 그 의미로 자작나무 숲을 온통 뒤덮은 이끼를 예배당 내부 바닥에까지 그대로 연장하려고 시도했다. 실내로 연장된 이끼가 자란 뜰에는 아크릴 벤치를 놓았다. 투명한 벤치는 바닥의 연속성을 방해하지 않는다. 신체를 지탱하는 바닥이자 기준이 되는 바닥면, 바꿔 말해 대지가 연속되는 것이 무엇보다 중요하다고 생각했다.

생물에게 신체를 지탱하는 바닥면이 얼마나 중요한지는 제임스 깁슨이 정의한 어포던스 이론의 핵심이다. 깁슨은 생물이 좌우 눈의 시차로 생긴 입체시로 공간의 깊이를 측정하는 것이 아니라 기준이 되는 수평면 위 다양한 입자나 선으로 공간의 깊이를 파악하고 공간의 확대를 측정하고 공간을 자신의 것으로 만든다는 사실을 발견했다. 기준면이 존재함으로써 그 면에 속한 점과 선이 하나의 음악을 연주하고 리듬이 생겨난다. 기준면이 없으면 아무리 많은 점과 선이 존재하더라도 리듬도 음악도 생겨나지 않고 생물은 환경을 자신의 것으로 만들 수 없다. 그 환경에서 살아갈 수가 없다.

깁슨의 어포던스 이론은 일본 전통 다다미의 가선^ヘリ, 가장 자리에 두르는 천, 즉 판자 사이의 이음매가 가진 의미를 훌륭하게 설명한다. 노能 무대의 마룻장 하나는 5.45m 길이로 정해져 있다. 가면 때문에 시야가 거의 가려진 배우는 발바닥 감촉으로 바닥 선을 확인하고 선의 수를 헤아려 자신의 위치를 파악하고 걸음을 내딛는다.

다다미에 기준 치수가 있는 이유는 이사할 때나 방의 면적을 측정하는 데 편리하기 때문만이 아니다. 공간의 깊이, 사물과 자신의 거리를 한순간에 측정하고 자신이 서 있는 위치를 확인하기 위해 필요하다. 다다미 가선을 기준으로 공간이 자신의 것이 된다. 그 때문에 다다미 가장자리에 천을 붙여 선을 강조한다. 가까이 다가가면 골풀 섬유로 이루어진 선 다발이 출현해 자신의 위치와 걷는 속도 등의 정보를 더욱 정밀하게 알려준다.

한없이 가는 탄소 섬유의 선

이시카와현石川県 노미시能美市 바닷가에 자리한 고마쓰 세이렌 패브릭 연구소小松精練ファブリックラボラトリー, fa-bo에서는 지금껏 가장 가늘고 섬세한 선을 사용했다.

어느 날 합성섬유기업 고마쓰 세이렌에서 3층짜리 낡은 콘크리트 건물의 내진보강설계를 요청해왔다.

일반적으로 내진을 보강할 때 막대 모양의 강철 부재를 이용한다. 이를테면 철골이나 H형 강철을 기존 구조체에 덧붙여 내진 성능을 향상시킨다. 공업 기술이 낳은 강철은 보강재로 가장 적절한 소재였다. 그러나 철제 버팀목brace으로 보강한 건물의 모습은 너무나도 애처롭다. 20세기 공업화 사회가 낳은 선의 망령이 떠도는 것으로밖에 보이지 않는다. 좀 더 가늘고 섬세한 선을 이용해 내진을 보강할 수 있지 않을까 생각했다.

합성섬유기업에서 사용하는 탄소 섬유carbon fiber는 철제 와이어보다 인장 강도가 세고 게다가 놀랄 만큼 가벼우며 열에 늘어나거나 줄어들지 않는다. 내열성이 좋다는 건 정기적으로 다시 조일 필요가 없다는 뜻이다. 선으로서의 성질이 뛰어난 것이다.

구체적으로 설명하면 건물 주위 땅에 철골 보를 묻고

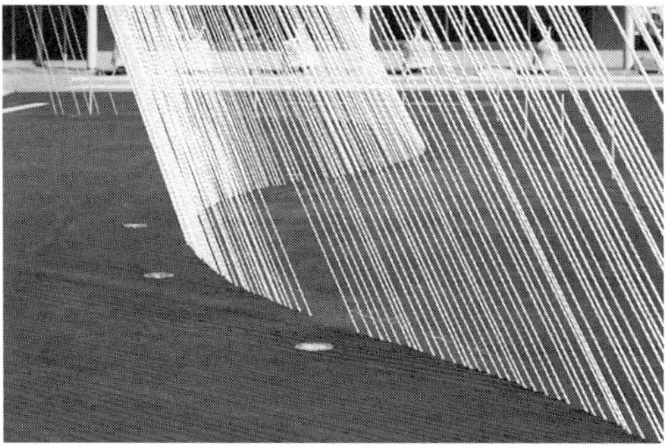

(52) 탄소 섬유

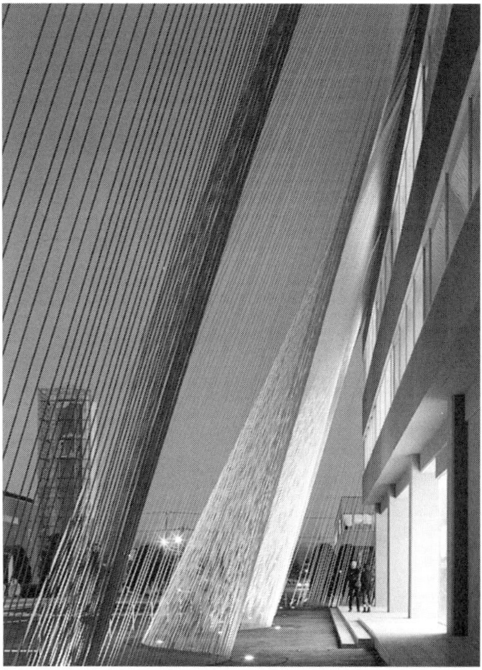

(53) 고마쓰 세이렌 패브릭 연구소, 2015년

마법의 실이라 할 수 있는 탄소 섬유로 보와 건축물을 연결했다.㉒ 외벽과 내부 칸막이벽도 보강할 필요가 있어서 거기에도 가는 탄소 섬유를 사용했다. 탄소 섬유의 선은 거칠고 울퉁불퉁한 철골내진보강과 정반대로 섬세하고 부드러운 표정을 덧붙인다. 콘크리트 기둥과 보가 만드는 묵직한 프레임에 비하면 탄소 섬유는 거미줄처럼 보인다. 거미줄은 가늘 뿐만 아니라 부드럽고 낭창낭창하며 끈기가 있다. 생명과도 비슷한 그런 선으로 건물을 지으면 가우디와 아르누보 건축가들이 목표로 삼았다가 좌절한 살아 있는 선을 부활시킬 수 있을지도 모른다. 거미줄이 곡면을 그리며 대지와 건축물을 잇고 곡면은 오로라처럼 푸른 바다 위 하늘과 대지 사이를 떠돈다.㉓

도미오카 창고의 비단 같은 선

가는 탄소 섬유 선으로 뒤덮인 패브릭 연구소는 단게가 이루지 못한 새로운 선의 건축 이후 반세기가 지나 펼쳐진 패자부활전이라 해도 좋다. 단게는 H형 강철이나 I형 강철로 두른 반데어로에식 선 건축을 넘어서려고 했다. 반데어로에가 완성시킨 20세기파 선 건축은 미국이 이끌었던 공업화 사회의 제복이 되었다. 콘크리트도 내부에 철근이라는 선이 없으면 하중을 지탱할 수 없고 지진을 견딜 수 없다. 콘크리트 건축이란 자갈이나 모래나 석회암 등 대지를 부순 듯한 점을 철로 묶은 덩어리다. 그런 의미에서 20세기 엔진이 된 콘크리트 건축에서도 자동차 산업에서도 주역은 철이라는 딱딱한 선이었다.

돌이켜보면 금세공사였던 브루넬레스키가 금속에서 선을 배우고 선을 이용해 거대 돔을 실현했을 때 건축의 근대가 시작되었다. 브루넬레스키의 선에서 반데어로에의 초고층 철골 프레임에 이르는 근대 건축사는 금속의 선을 중심으로 전개된 선의 역사였다. 근대국가와 철, 근대라는 시대와 철은 끊으려야 끊을 수 없는 관계였다.

그렇다면 금속을 대신할 선은 없을까? 슬슬 금속을 졸업해도 좋을 때다. 탄소 섬유를 만나자마자 그런 생각

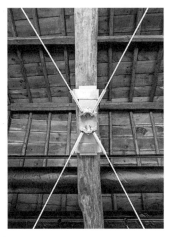

54 도미오카 창고의 탄소 섬유 보강, 2019년

에 빠져들었다. 만약 금속을 졸업한다면 디자인에서도 구조에서도 금속에 의존한 르네상스 이후의 건축을 다른 흐름으로 바꿀 수 있을지도 모른다.

패브릭 연구소에서는 콘크리트 건축의 보강재로 탄소 섬유를 사용했지만, 도미오카富岡 창고에서는 섬세한 프레임을 가진 목조 건축을 더욱 섬세한 탄소 섬유로 보강했다.54 비단과 섬유의 거리였던 군마현群馬県 도미오카에서 100년도 더 오래전 도미오카 견직물 창고가 지어졌다. 실thread을 이용한 내진보강방식이 도미오카에 가장 어울리는 해결책으로 보였다.

목조 건축의 내진보강은 생각 이상으로 어렵다. 보통 버팀목을 사용하지만 버팀목처럼 투박한 나무로 보강하면 목조 건축의 섬세함이 무너지고 모든 것은 엉망이 된다.

그보다 가는 철제 버팀목으로 보강하는 방법도 쉽지 않다. 나무보다 무거운 철로 보강하면 건물 자체가 무거워져 그 무게를 견뎌줄 더 투박한 철 버팀목이 필요하다. 그런 다람쥐 쳇바퀴 도는 악순환에 빠져 목조의 섬세함이 완전히 사라져버린다.

목조 건축의 훌륭함은 나무처럼 가벼운 선으로 지진에 견디는 강한 구조체를 만드는 데 있다. 묵직한 철을 조합하면 경쾌하고 부드럽고 평화로운 질서가 파괴된다. 탄소 섬유처럼 가볍고 강한 소재를 사용하면 목조 건축은 가벼움을 유지한 채 지진에 견디는 강함을 확보할 수 있다.

작업을 하면서 구조 엔지니어 에지리 노리히로江尻憲泰 씨와 함께 가장 효율적인 목조 보강법을 고민했다. 에지리 씨는 탄소 섬유와 나무가 궁합이 좋다는 사실을 알고 이미 교토의 기요미즈데라清水寺나 나가노현長野県 젠코지善光寺에서 탄소 섬유로 문화재를 보강한 경험이 있었다.

국보나 중요문화재를 보강할 때 보강재를 보이지 않게 작업하는 것이 중요하다. 따라서 지붕 아래 더그매처럼 보이지 않는 곳에 탄소 섬유를 이용한다. 그러나 도미오카 창고에서는 굳이 탄소 섬유의 선을 보여주기로 했다. 하얀 탄소 섬유 선이 실뜨기처럼 공중을 달린다.⑤⑤ 철이나 스테인리스 와이어로는 실뜨기를 할 수 없다. 실뜨기하듯 선을 부대껴 꺾으면 철이나 스테인리스는 부러지고 만다. 접점에 다른 쇠붙이를 끼워 넣지 않으면 선끼리 연결되지 않고 선의 구조가 파탄 난다. 탄소 섬유는 실 그 자체이므로

⑤⑤ 도미오카 창고에 설치한 탄소 섬유

접점에서 문제 되지 않고 실뜨기가 가능하다. 실뜨기의 자유로움과 유연함을 건축에서 실현할 수 있다.

접점에 다른 이음새joint를 넣지 않으면 안 되는 '철의 선'은 접점에 구속된 선이지 자유로운 선이라고 할 수 없다. 반대로 자유롭게 연결된 실뜨기의 선은 잉골드가 『선』에서 그 가치를 발견한 살아 있는 선이다. 흔적으로서의 선이 아니라 낭창낭창하게 공중을 달리고 춤추는 선이다. 살아 있으면서 새로운 기하학을 추구하는 것이 실뜨기라는 선이다. 건축이 금속을 졸업하고 살아 있는 실로 건축을 지을 그날을 꿈꾸며 우리는 도미오카 창고에서 실뜨기를 했다. 비단과 섬유의 거리 도미오카에서 선의 새로운 역사를 열고자 시도한 것이다.

리트벨트 대 데클레르크

20세기에 폭발한 인구와 경제 규모를 수용할 커다란 볼륨을 만들기 위해 강성과 점성과 기밀성이 뛰어난 콘크리트가 선택되었다. 그와 동시에 볼륨을 해체하고 통풍이 잘 되는 경쾌한 공간을 만들려는 시도 또한 가동되었다.

1917년 젊은 네덜란드 건축가들이 결성한 데 스테일 De Stijl 그룹은 얇은 면을 내세워 볼륨을 해체했다. 데 스테일의 중심인물인 건축가 헤릿 리트벨트Gerrit Rietveld, 1888-1964는 슈뢰더 하우스Schröder House에서 볼륨을 철저하게 해체해 건축계에 큰 충격을 주었다.① 가구 장인의 아들로 태어난 리트벨트도 가구 장인으로 일했기 때문에 면의 건축을 어렵지 않게 실현할 수 있었다.②③ 건축은 볼륨으로 닫혀야 하지만 가구는 그럴 필요가 없다. 겨울에 혹독한 추위가 찾아오는 서양에서 건축은 닫히는 것이 대전제였다. 참고로 일본에서는 "집을 지을 때 여름을 생각하고 지어야 한다."「제55단 가옥론」,『쓰레즈레구사徒然草』라고 이야기할 만큼 닫히는 것이 건축의 요건이 아니었다.

리트벨트는 그런 보수적인 서양에서 가구를 다루며 얇은 면의 구성법을 배웠다. 면과 면, 면과 선을 조합하면 닫히지 않아도 가구가 된다. 면과 선을 사용해 신체나 사

① 헤릿 리트벨트, 슈뢰더 하우스, 1924년

② 헤릿 리트벨트, 적청의자
The Red and Blue Chair, 1918년

③ 헤릿 리트벨트, 지그재그
의자Zig-Zag Chair, 1934년

④ 데클레르크의 의자

물을 지탱할 수 있다면 가구로서 성립한다. 건축과 신체 사이에 그런 자유롭고 느긋한 관계가 있으면 좋겠다고 생각한 리트벨트는 슈뢰더 하우스라는 '커다란 가구'에 도달했다.

리트벨트의 구성주의식 의자 가운데 나에게 더 흥미로운 의자는 따로 있다. 그와 동세대 건축가인 미헬 데클레르크Michel de Klerk, 1884-1923가 농가 생활에서 아이디어를 얻어 새끼줄로 만든 목제 의자다. ④ 부드러운 선으로 만든 팔걸이가 몸에 제법 편하다.

데클레르크나 그의 제자 피에트 크라메르Piet Kramer, 1881-1961는 네덜란드 농가의 소박함과 근대 생활을 접합하려고 시도했다.⑤ 일본 모더니즘 디자인의 개척자이자 분리파건축회를 주도한 호리구치 스테미堀口捨己, 1895-1984

⑤ 피에트 크라메르, 띠 지붕의 가옥

도 데클레르크의 디자인에서 영향을 받았다. 호리구치는 1920년대에 도쿄대학 건축학과 동기생과 일본 최초로 근대건축운동을 시작했고, 띠 지붕과 근대 건축의 상자를 조합한 시엔소紫烟莊를 발표했다. 젊은 천재의 등장으로 전전 일본 건축계가 들썩였다.⑥ 데클레르크도 호리구치도 모더니즘을 공업화 시대의 흐름에 대한 비판으로 받아들였다. 네덜란드나 일본 농가에서는 띠 지붕이 일반적이었다. 그런 띠 지붕의 자연스러움, 소박함을 되찾는 일이 20세기, 그리고 모더니즘의 주제라고 생각했다.

그 후 모더니즘 건축은 공업화를 전면으로 긍정하고 콘크리트와 철로 대량 생산하는 건축으로 기울어졌다. 제 2차 세계대전 이후 고도성장기에 걸쳐 두 사람이 제안한 부드러운 면과 선은 완전히 잊혔다. 단게를 비롯한 다음 세대는 호리구치를 시대에 뒤처진 휴머니스트로 부정하고 외면했다. 호리구치는 좌절한 나머지 나라현의 지코인慈光院에 틀어박혀 다실茶室 연구에 몰두했다. 연구자로서

⑥ 호리구치 스테미, 시엔소, 1926년

큰 업적을 남겼지만 건축가로서는 그렇지 못했다.

데클레르크가 농기구에서 영감을 받아 디자인한 목제 의자에는 공업화 논리로 다 수습되지 않는 인간의 논리, 신체의 논리가 숨 쉬고 있다. 의자 팔걸이에 사용한 로프는 아름다움과 무관하게 얼핏 느슨하게 흘러내린 듯 보이지만, 막상 팔을 얹어보면 신체를 지탱하며 팽팽해진다. 로프라는 살아 있는 선과 신체라는 살아 있는 물체가 생생한 대화를 시작한다. 리트벨트의 딱딱한 면에서 찾지 못한 사물과 신체의 대화가 데클레르크의 가구에서 들려온다.

반데어로에 대 리트벨트

슈뢰더 하우스는 20세기 초 모더니즘 건축물 가운데 압도적으로 경쾌하다. 초기 모더니즘의 걸작을 하나 대라고 하면 보통 르 코르뷔지에의 빌라 사보아와 미스 반데어로에의 바르셀로나 파빌리온을 이야기한다. 그러나 점·선·면의 시점에서 다시 보면 슈뢰더 하우스의 경쾌함이 두 작품을 능가한다.

빌라 사보아는 선과 면의 건축이라기보다 떠 있는 볼륨이었다. 20세기 표준인 볼륨의 건축을 그저 띄웠을 뿐이라고 생각할 수도 있다. 코르뷔지에나 되는 천재였으니 띄우기만으로 특별해보이게 수를 썼다고 표현할 수도 있다. 그러나 띄움으로써 오히려 공간은 빈약해졌다. 코르뷔지에가 모더니즘 건축의 중요한 원칙으로 주장한 공중정원은 대지와 관계가 약하고 주위 숲과 단절되어 빈약하고 살풍경하다. 코르뷔지에를 고소한 빌라 사보아 의뢰인의 마음을 충분히 이해할 수 있다. 그런데도 '볼륨의 세기'가 자리 잡은 20세기에는 이 썰렁한 주택이 대걸작이라고 칭송을 받았다.

바르셀로나 파빌리온의 기둥 디테일을 보면 반데어로에가 볼륨을 해체하는 데 흥미 이상의 집념을 가졌음을

⑦ 십자형 기둥 단면

확신할 수 있다. 일반 사람에게 기둥은 선으로 보이지만 반데어로에에게는 묵직한 볼륨으로 보였다. 무게를 지탱하고 지진에도 견뎌야 하기 때문에 당연히 기둥도 두꺼워질 필요가 있다. 반데어로에는 이를 허용할 수 없었다. 철골 기둥을 사각 파이프 대신 일부러 날 선 십자형 단면으로 디자인함으로써 볼륨감은 사라지고 날카로운 선이 눈을 자극한다. ⑦ 반데어로에는 볼륨이 될지도 모르는 철 기둥을 가느다란 선으로 바꾸는 데 성공했다.

바르셀로나 파빌리온의 벽도 상당히 얇다. 우선 벽돌을 보통과 반대 방향으로 쌓아 17cm 두께의 돌로 보이지 않을 정도로 얇은 벽을 만들었다. ⑧ 통상 벽돌이나 콘크리트 벽 양면에 돌을 덧붙이면 두께가 30cm나 되는 묵직한 벽이 된다. 반데어로에의 벽은 표준보다 절반가량 얇

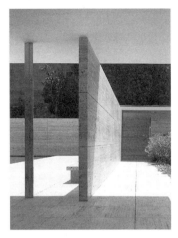

⑧ 벽돌 디테일

다. 20세기 면의 건축이라기에는 눈에 띄게 얇다. 석공의
아들로 태어나 돌을 다룰 줄 알았기에, 상식을 뛰어넘을
정도로 얇은 두께를 만들어 마치 벽이 얼어붙은 듯한 긴
장감을 공간에 부여했다.

그러나 제 아무리 반데어로에라도 슈뢰더 하우스의
가구만 한 얇기를 당해내지 못했다. 가구 장인이 달성한
경지를 석공이 당해내지 못했다고도 할 수 있다. 나에게는
슈뢰더 하우스조차도 두껍고 딱딱하게 느껴졌다. 게다가
면과 선을 조합하는 구성 방식으로 전체를 경쾌하게 보여
주려는 구성주의적 형태 조작, 슈뢰더 하우스의 그 주지주
의적이고 인간중심적인 부자연스러움이 싫었다.

구성주의란 20세기 볼륨주의를 은폐하는 데 진절머
리가 난 나머지 발명한 것이라고도 할 수 있다. 점·선·면이 자유롭고 경쾌하게 어우러져 마치 춤을 추는 듯 움직이지만, 구성이 자유로울수록 작가라는 절대자의 자의적인 몸짓이 눈에 띄고 주지주의적 불쾌함이 두드러진다. 구성주의는 오히려 구성하는 요소의 무게나 두께를 강조한다. 칸딘스키의 『점·선·면』에서 구성주의적 방법을 서술한 부분이 지루하고 불쾌하게 느껴지는 것처럼 말이다.

사하라에서 만난 베두인의 천

팀 잉골드가 『선』에서 지적한 대로 선에는 궤적으로서의 선과 실로서의 선이 있다. 데클레르크의 의자 팔걸이에 사용한 새끼줄은 살아 있는 선이고 잉골드가 말한 실이다. 면에도 두 가지 종류가 있다고 생각한다. 하나는 궤적으로서의 면, 그러니까 무엇인가의 흔적을 기술하는 죽은 면이다. 다른 하나는 공간 속에서 자유롭게 춤추는 살아 있는 면이다. 나에게 리트벨트의 면이 얇기는 해도 죽은 면처럼 느껴졌다. 내가 찾는 살아 있는 면을 양자역학의 초끈 이론에 비유하면 현 같은 자유로움으로 입자와 물결 사이를 계속해서 진동하는 면이다.

부드러운 면을 만들고자 할 때 단지 얇게 자르는 것만으로는 충분하지 않다. 무엇인가의 힘을 받아 춤추기 시작한 부드러운 면을 건축에 도입한다면 면을 도구 삼아 무거운 볼륨을 해체하는 일이 가능할지도 모른다.

그런 식으로 생각하니 대학원 시절 사하라사막으로 떠난 조사 여행에서 베두인의 텐트를 봤던 기억이 갑자기 되살아났다. 나뭇가지로 가느다랗게 만든 지주를 모래에 박고 그 위에 천을 걸쳐놓았을 뿐인 간단한 텐트다. 유목민 베두인은 가지와 천을 낙타에 싣고 사하라를 여행했다.

⑨ 사하라사막으로 떠난 취락 조사 여행

얇은 텐트 막이 사하라의 혹독한 날씨를 견디며 유목 생활을 지탱하고 있었다. 하라 선생이 이끄는 우리들 여섯 명의 취락 조사대도 텐트족이었다. 우리는 가느다란 플라스틱 지주와 나일론 막을 조합한 작은 일본제 텐트를 차에 싣고 베두인을 따라 사하라사막을 횡단했다. ⑨

　일본제 텐트는 조그맣게 접을 수 있고 유동성이라는 점에서 뛰어났지만, 베두인의 텐트에 초대 받았을 때 천이 만들어내는 아름다움과 쾌적함에는 도저히 당해낼 수 없다는 걸 느꼈다. 천이 베두인 문화의 중심을 차지하는 것 같았다. 모래 위에 여러 겹으로 깔아놓은 천 바닥이 그들의 신체와 사막의 관계를 정의한다. 겨울밤이면 사막의 기온은 상당히 내려간다. 베두인은 신체와 모래 사이에 천을 겹쳐 신체를 부드럽게 지탱한다. 그렇게 기온 변화에 대응해 부드럽고 자그마한 신체 주변으로 누에고치 같은 영역을 형성한다. 천이 대지와 그들 신체의 관계를 정의하고 가지로 지탱한 얇은 천이 그들과 사막의 관계를 정의한다.

천은 베두인의 모든 일상에 깊숙이 파고들었다. 당시 세계적으로 유행한 카세트 라디오는 사막 사람들에게도 필수품 같은 존재였다. 카세트 라디오를 어깨에 걸기 위해 디자인한 천 가방이 있었는데 너무나도 근사해 하나 줄 수 없느냐고 부탁했다. 싸구려 카세트 라디오를 천 가방에 넣자마자 완전히 다른 것으로 보였다. 생활을 바꾸고 세계를 변신시키는 힘이 그 부드러운 천에 있었다.

젬퍼 대 로지에

19세기 독일의 건축이론가 고트프리트 젬퍼Gottfried Semper, 1803-1879는 직물과 짜는 행위에 이상하리만치 높은 관심을 보이며 독자적으로 건축 이론을 구축했다.

건축은 프레임에서 시작한다고 보는 사고가 르네상스 이후 서양 건축가를 지배했다. 선을 강고하게 짠 프레임을 이용해 건축을 설명하고 또 건축을 하려는 논리다. 프레임주의의 대표는 건축이 통나무 골조에서 시작되었다고 보는 로지에 신부의 『건축론Essai sur l'architecture』1753이다. 앞에서 말한 대로 로지에의 그림은 아직도 많은 건축 교재에서 건축의 시작을 설명하는 자료로 쓰인다. 오늘날에도 주된 건축 구조는 라멘 구조다. 공사 현장에 세운 기둥과 보의 라멘 구조를 볼 때마다 로지에의 프레임주의가 아직도 건축의 기본이고 인간이 만든 환경을 지배하고 있음을 보여주는 듯해 기분이 어두워진다.

일본 전통 건축은 기둥과 보의 조합이어서 라멘 구조로 생각하기 쉽지만 사실은 그렇지 않다. 프레임 구조가 아니다. 라멘 구조와 달리 기둥과 보의 접점이 튼튼하지 않고—강한 접합이 아니라—볼트나 못 없이 재료끼리 끼워 넣고 짜 맞추었을 뿐이다. 젬퍼식으로 말하자면 기둥과 보가 짜여 있을 뿐이다. 어떻게 지진 국가에서 느슨한 이음새가 살아남았을까?

그 비밀은 기둥과 보 사이를 토벽, 교창交窓, 맹장지, 장지문 같이 다양하고 부드러운 장치로 연결한 데 있다. 일본의 토벽은 조적조의 돌이나 벽돌과 달리 부드럽고 기둥이나 보와도 느슨하게 접합하기에 지진이 나면 쉽게 금이 가버린다. 놀랍게도 이 미덥지 못한 특성이 지진의 힘을 흡수한다. 맹장지나 장지문처럼 가장 힘쓰지 못할 부위에서 지진의 힘을 흡수한다. 일본 목조 건축은 이 느슨하고 모호한 구조로 지진을 견뎌왔다. 일본인은 경험을 거듭하며 단단하거나 튼튼하게 만들지 않는 편이 내진성을 높이는 데 유리하다는 해답을 얻었다. 최근 기둥 사이에 존재했던 이런 부드러운 장치가 주목받으면서 '기둥 사이의 장치柱間裝置'라는 특별한 이름으로 부르게 되었다.

유럽에서도 큰 단층이 있는 라인강 골짜기에 지진이 일어난다. 그 지역에서도 목조 기둥과 보 사이를 토벽으로 메운 부드러운 구조가 자리 잡았다. 사람들도 지진을 거듭 겪으며 일본 목조 건축과 같은 지혜에 도달했다. 근대 건축이 프레임주의 또는 미숙한 도식주의에 지배되기 전에는 세계에 다양한 직물 건축이 존재했다. 사람들은 짜 맞추듯이 부드러운 건축물을 지어왔다.

한편 젬퍼는 로지에식 프레임주의를 부정하면서 건축은 프레임이 아니라 씌우개이고 직물이라고 정의했다. 프레임이 없어도 씌우기가 가능하다고 생각한 젬퍼는 탈

프레임주의의 개척자였던 것이다.

그렇게 생각하게 된 계기는 19세기 세계 최대 이벤트였던 만국박람회에 전시된 변방 취락이었던 걸로 보인다. 1851년 수정궁에서 열린 런던 만국박람회의 전시 디자인에 참여한 젬퍼는 실제 원시 주거를 접하고 큰 충격을 받았다. 내가 베두인의 천막 주거에 충격을 받은 것처럼 젬퍼는 제3세계에 있는 변방 취락을 만나면서 직물의 중요성을 깨닫고 직물주의를 생각해냈다. 젬퍼의 아버지가 섬유 관련 사업을 한 것도 영향이 있었을지 모른다. 아버지가 취급한 천은 변방의 천만큼 자유롭고 부드럽지 않았겠지만 말이다.

프랑크푸르트의 천으로 된 다실

나도 건축물을 짓기 시작하기 직전 베두인의 텐트를 접하고는 언젠가 그런 천 건축, 얇고 부드러운 면 건축을 짓고 싶다고 은밀히 생각해왔다. 하지만 천으로 건축물을 지을 기회는 좀처럼 찾아오지 않았다.

　처음 찾아온 기회는 상당한 시간이 지나고 나서였다. 2007년 젬퍼의 모국인 독일 프랑크푸르트 마인 강변 공예박물관 뜰에서 비로소 천 건축을 실현할 수 있었다.⑩

　당시 공예박물관의 슈나이더 관장은 만나자마자 "박물관 뜰에 다실을 지었으면 합니다."라고 말했다. 이어서 "하지만 당신이 늘 하던 나무나 토벽 건축은 안 됩니다. 독일의 반달리즘Vandalism 때문에 다음날 아침에는 이미 너덜너덜해지고 말 테니까요."라고 덧붙였다. 그렇다면 콘크리트나 두꺼운 철판으로 다실을 만들라는 것일까? 지금까지 내가 해온 '지는 건축' '약한 건축'을 스스로 부정하라는 것일까? 망연하여 대답이 궁했다.

　일본으로 돌아와 잠시 머리를 식혔더니 묘안이 떠올랐다. 천을 간단히 조립해 즉석instant 다실을 만들고 사용한 후에는 작게 접어 박물관 창고에 보관하는 안이었다. 상대의 제안을 거꾸로 이용해 반격하는 일종의 자포자기

⑩ 프랑크푸르트 공예박물관의 도록

에 가까운 아이디어였다. 상대가 공격해오면 맞대고 싸우는 대신 상대의 논리를 역이용해 반격하는 것이 나의 방식이다. 이때 받아들여질 확률이 낮은 엉뚱한 안이라도 기술적으로 확실하게 뒷받침해두는 일이 중요하다. 꿈이 아니라 실현 가능하다는 것을 상세하게 그리고 분명히 해두는 것이다. 근사한 모형도 만든다. 그렇게 진정성을 보여주면 상대를 움직일 수 있다. 물론 항상 통하는 건 아니다. 결국 슈나이더 관장은 나의 천 다실 아이디어를 흔쾌히 받아들여주었다. 모형도 도면도 허사는 아니었다.

즉석 천 다실이라고 해도 여러 가지 방식이 떠올랐다. 나무 골조로 만드는 베두인의 텐트나 우리가 사하라에서 사용한 텐트처럼 가벼운 골조를 세워 천을 칠 수도 있다. 하지만 현대 내진 기준에 맞는 구조물을 만들려면 천의 건축이라도 골조가 투박해져 프레임이 주역이 되고 만다. 애써 로지에 신부의 프레임주의를 부정하고 젬퍼식 직물주의로 향하려는 나의 본뜻에서 어긋나게 된다.

어떻게든 천이 주인공인 즉석 건축물을 지으려고 탐색하다가 이중 막 사이에 공기를 주입하는 방식을 생각해

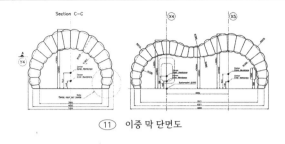

⑪ 이중 막 단면도

냈다. 재료는 천과 공기뿐이니 골조가 아닌 천이 어엿한
주인공이 된다. 이 방식이라면 젬퍼식 직물주의를 현대에
재현할 수 있을지도 모른다.

컴프레서compressor의 스위치를 올려 공기 힘으로 이
중 막이 점점 부풀고 다실이 완성되어가는 과정 자체도
보여주고 싶었다. 흔적으로서 죽은 선 대신 생성되기 시
작한 살아 있는 선을 추구하는 나로서는 면에서도 궤적이
된 면이 아닌 살아 있는 면을 찾고 싶었다. 부푸는 천은 바
로 살아 있는 면이었다.

더욱 다행스럽게도 이중 막 사이의 공기층이 단열 역
할을 해 프랑크푸르트의 추운 겨울에도 끄떡없는 다실을
만들 수 있었다.⑪ 젬퍼식 직물 건축은 장소의 환경과 풍
토에 적합한 소재를 모아 짜 넣고 안에서 지내기 쉽게 씌
우개를 만드는 방식이다. 프레임이 있는 딱딱한 로지에주
의가 아니라 추우면 천을 겹쳐 씌우는 적당주의가 젬퍼
식 직물주의의 기본이었다.

앞서 말했듯 컴퓨터 테크놀로지는 건축에 가산성을
되찾아주었다. 알베르티가 등장하고부터 르네상스 이전

의 건축에 존재한 가산성이 상실되고 감산이 기본인 빈약한 건축이 세계를 지배했다. 하지만 이제 컴퓨터 테크놀로지 덕분에 완결하지 않고 차례로 계속 고치며 더해가는 건축이 가능해졌다. 콘크리트는 감산법과 궁합이 잘 맞는 데 비해 덧씌우는 천은 가산법과 궁합이 가장 잘 맞는다.

프랑크푸르트의 다실에서 가장 어려웠던 점은 수백 번 수천 번 부풀려도 주저앉지 않는 천을 찾는 일이었다. 돔구장은 일종의 막 건축이지만 막은 한 번 치면 그대로다. 옮겨 세웠다가 다시 옮기는 유목민적 방식을 전제로 하지 않는다. 내가 본 느낌도 콘크리트로 만든 돔처럼 딱딱하고 무겁기 때문에 경기를 보고 있어도 개방감을 맛볼 수 없다. 운동회용 천막에 사용하는 하얀 폴리염화비닐도 반복적으로 펼쳤다 접었다 할 수 있는 내구성이 떨어진다. 우리의 생활 자체가 고정되고 경직된 탓에 유목민 같은 부드러운 천이 사라져버렸다.

드디어 발견한 천은 고어W.L. Gore & Associates 사에서 만든 신소재 테나라TENARA®였다. 0.38mm 두께밖에 되지 않아 돔구장의 막보다 훨씬 얇고 발군의 유연성과 투과성을 자랑한다. 이중으로 겹쳐도 태양광이 충분히 들어온다. 두 장의 막 사이에 약 60cm 간격으로 실을 당겨 막끼리 연결해두면 공기를 주입했을 때 생각한 대로의 형태가 된다. 실이 내부에서도 비쳐 보이기 때문에 면 건축이면서도 선 건축 특유의 섬세함이 느껴진다.

전체는 땅콩처럼 불룩한 형태를 두 개 이어붙인 모양

⑫ 프랑크푸르트의 천 다실, 2007년

⑬ 다실 내부

⑭ 중앙에 난로가 있고 병풍 건너에 다기를 씻는 공간이 있다.

이 되었다.⑫⑬ 하나가 다도를 하는 홀이고 다른 하나가
다기를 씻고 준비하는 공간이다. 그 사이에 병풍을 세우니
공간이 부드럽게 분절되면서 전체가 연결되었다.⑭

　유연한 면의 건축에서는 슈뢰더 하우스나 바르셀로
나 파빌리온처럼 딱딱한 면을 조합한 건축과 달리 부드럽
고 미묘하게 공간을 바꾸고 조작해갈 수 있다. 차를 마시
는 장소와 준비하는 장소를 연결하면서 동시에 구획 짓는
모호하고 미묘한 일도 간단해진다. 면이 살아 있으면 그
안에 다양한 장소와 행위를 병렬하거나 중첩할 수 있다.
베두인의 텐트에서 여러 가지 행위, 여러 가지 생활이 서
로 겹쳐 있던 것처럼.

프랭크 로이드 라이트의 사막 텐트

프랑크푸르트 마인 강변에 막의 건축을 완성하고 이번에는 홋카이도 들판에 막의 건축을 짓게 되었다. 친구가 오비히로帯広 근처 다이키초大樹町의 땅을 입수해 그곳에 환경 실험 주택촌을 만들고 싶다고 요청한 것이다. 홋카이도의 척박한 자연을 견디고, 게다가 환경을 생각하는 실험 주택을 짓는 일이 나에게 주어진 과제였다.

환경에 좋은 주택, 달리 말해 지속 가능한 주택은 현대 건축에서 긴급히 풀어야 할 과제다. 고성능 단열재를 사용하거나 태양광 패널을 지붕에 올리는 것이 지속 가능성에 대한 우등생다운 해답이었다.

물론 그것도 해답임은 틀림없지만 단열재를 두껍게 하면 할수록, 지붕에 패널을 올리면 올릴수록 건축은 두꺼워지고 중장비가 된다. 규모가 점점 커진다. 그렇게 되면 홋카이도 들판에서 살기에 너무 과장되어 도저히 미래의 집라고 생각되지 않았다. 지구 환경을 생각한 결과가 그런 과장되고 답답한 쪽으로 향한다는 사실이 직감적으로도 신체적으로도 받아들이기 힘들었다.

멍하니 고민하고 있을 때 두 가지 주택에서 힌트를 얻었다. 하나는 프랭크 로이드 라이트가 70세가 되던 시

⑮ 프랭크 로이드 라이트, 탈리에신, 1911년

기에 사막에 살고자 설계한 텐트 같은 집이다. 라이트는 폐가 약해 폐렴을 앓지 않으려면 따뜻한 장소로 옮겨 지내라는 의사의 조언을 듣고 이 같은 집을 지었다.

극단을 좋아하는 라이트가 선택한 곳은 애리조나주 피닉스 근교 사막 한복판이었다. 70세 노인은 선인장밖에 자라지 않는 사막에서 텐트 같은 집을 짓고 살았다.

그때까지 라이트의 본거지는 생가에서 가까운 시카고 북서쪽 위스콘신주 스프링 그린이었다. 그곳에 벽돌과 나무를 써서 아틀리에와 집을 짓고 탈리에신이라는 이름을 붙였다.⑮ 그의 외할아버지 출신지인 영국 웨일즈 말로 탈리에신은 빛나는 이마를 의미한다. 켈트 신화의 예술을 관장하는 요정이 그 어원으로, 이마에 땀을 흘리며 일하자는 메시지와 언덕 경사면에 지은 집이라는 방향의 의미가 담겨 있다. 라이트는 풍요로운 녹음 속에서 일에 힘쓰며 살았다.

⑯ 프랭크 로이드 라이트, 탈리에신 웨스트의 가든 룸, 1937년

⑰ 탈리에신 웨스트 내부

그런 그가 70세가 넘어 갑자기 애리조나 사막에 새로운 거점을 만들었다. 여름에는 시원한 위스콘신, 겨울에는 따뜻한 애리조나에서 살겠다는 일대 결심을 한 것이다. 애리조나의 거점은 탈리에신 웨스트라고 불렀다.

라이트는 사막의 거점이 캠프 같은 것이어야 한다면서 그곳을 계속 캠프라고 불렀다. 또한 캠프의 건축이라면 텐트처럼 경쾌해야 한다고 생각했다.

실제로 사막에 천의 건축을 지어 살기란 쉽지 않다. 하물며 주거인은 70세 노인이다. 라이트는 면이나 플라스틱처럼 가볍고 경쾌한 소재를 사용해 텐트의 유연함을 실현했다.⑯⑰ 사막에서 사는 것도 힘든데 천막집에 사는 것은 더더욱 힘들다. 왜 그렇게까지 캠프에 집착하고 천을 고집했을까? 사막에서 함께 지내자는 그의 연락을 받고 찾아온 제자 중에는 캠프를 이탈한 사람도 많았다.

이제 나는 라이트의 마음이 이해된다. 혹독한 자연이 펼쳐지는 곳이기 때문에 텐트 같은 경쾌한 건축 안에서 자연과 일체가 되어 살고 싶은 것이다. 역시 홋카이도에서도 텐트에서 생활하지 않으면 안 되었다.

홋카이도 들판의 천으로 된 집

또 하나의 힌트가 된 것이 홋카이도의 원주민 아이누인이 살던 지세チセ라는 집이다.⑱ 지세는 홋카이도 들판에 자생하는 얼룩조릿대ᄼᆞᆯ과 식물로 만든다. 지붕부터 벽까지 모두 얼룩조릿대 잎으로 뒤덮어 마치 봉제 인형처럼 부드럽고 푹신푹신한 집이다.

　　얼룩조릿대의 얇은 잎에 단열 성능이 있는 건 아니다. 대신 잎을 여러 장 겹쳐 생긴 공기층이 단열재 역할을 한다. 공기가 열을 차단하고 겨울 추위로부터 지켜준다. 이런 원리를 응용하면 두 장을 겹친 천 사이의 공기층에서 단열 효과를 얻을 수 있다. 천 사이에 전기 히터를 들여놓아 따뜻한 공기를 제대로 순환시키면 혹독하게 추운 홋카이도에서도 단열재 없이 텐트에서 살 수 있을지 모른다. 환경 엔지니어 마고리 분페이馬郡文平, 1965– 씨에게 의논했더니 참신하고 재미있는 생각이라며 곧바로 계산해주었다. 두꺼운 플라스틱 단열재가 없어도 충분히 지속 가능하고 환경에도 좋은 메무 메도즈ㅅᄉᆞ·ㅅㅌㅎㅈ를 지을 수 있었다. ⑲⑳ 단열재가 없기 때문에 태양빛이 곧바로 집 안으로 쏟아진다. 해가 뜨면 밝아지고 해가 지면 어두워져 자연의 리듬과 하나가 되어 들판에서 살 수 있다. 이런 대지와의

⑱ 지세

⑲ 메무 메도즈, 2011년

⑳ 이로리를 설치한 메무 메도즈 내부

일체감이야말로 천 건축의 본질이었다. 라이트가 애리조나 사막에서 줄곧 찾던 진짜 천막생활이라고 느꼈다.

지세에서는 지면과 바닥 사이에 공간을 두지 않았다. 대지가 그대로 바닥이 되어 그 위에서 앉고 자는 생활이었다. 바닥을 들어 올리고 그 사이에 통풍을 위한 공간을 두는 일본 가옥과 다른 방식이었다. 지세의 봉당 한가운데에는 이로리居炉裏, 일본식 화덕를 설치했다. 아이누인은 일 년 내내 이로리의 불을 끄지 않았다. 불을 계속 지펴 대지를 항상 따뜻하게 덥혔다. 여름에 따뜻하게 데운 만큼의 열이 추운 겨울에도 남았다. 전문적으로 표현하면 흙을 축열 장치로 사용한 것이다.

아이누인의 부드러운 집은 아래에서부터 천천히 따뜻해졌다. 능동적active 냉온방기를 사용하지 않고 지세에서처럼 환경을 제어하는 방식을 수동적passive 냉온방이라 부른다. 그 방법으로 지은 집이 패시브 하우스다. 얼룩조릿대로 세운 지세는 패시브 하우스의 선구자였다. 경쾌하고 미덥지 못한 천의 집도 그 아래 묵직한 대지의 도움을 받으면 충분히 쾌적한 집이 될 수 있다.

지세를 모방해 천으로 지은 우리의 집에도 바닥 한가운데에 이로리를 설치했다. 이로리 불에 둘러앉아 눈앞의 강을 거슬러 오르는 연어를 꼬치구이 해 먹는 것도 좋다. 메무 메도즈의 이로리는 대지와 직접 연결되어 대지와 함께 호흡한다. 메무는 아이누 말로 샘을 뜻한다. 그 부근은 옛날부터 샘물이 많이 솟는 곳이었다.

천의 집에서 흥미로운 부분은 천의 집이 결국 대지의 집이라는 점이다. 천은 얼핏 미덥지 않아 보이지만 그 때문에 대지라는 생물의 생리를 제대로 이용할 수 있다. 그 결과 천의 집은 대지의 보호를 받는다.

메무 메도즈의 따뜻한 바닥에서 뒹굴었더니 사하라 사막에서의 텐트 생활이 떠올랐다. 사하라에서는 날이 저물면 기온이 뚝 떨어져 스웨터를 입어야 했다. 그래도 지면만은 아침이 될 때까지 따뜻했다. 천 한 장을 사이에 두고 따뜻하고 부드러운 모래를 느꼈다. 사하라의 따뜻한 모래 위에서 푹 잠들었던 감촉이 되살아났다.

재해로부터 사람을 지키는 카사 엄브렐라

반달리즘이 계기가 되어 프랑크푸르트에 천 다실을 완성하고 홋카이도 추위가 계기가 되어 메무 메도즈라는 천 건축을 들판에 세웠다. 그다음 잇따라 닥친 대재해를 계기로 2008년 밀라노에 카사 엄브렐라Casa Umbrella, 우산의 집라는 천 건축을 세웠다.

밀라노 트리엔날레뮤지엄에서 출품 의뢰 메일이 온 것은 2007년이었다. 전 세계에서 재해가 빈발하던 시기였기에 대재해로부터 인간의 생명을 지키는 새로운 유형의 피난 주택 카사 페르 투티Casa per Tutti, 모두의 집를 디자인 해달라는 내용이었다. 지명된 세계 각지의 건축가 각자가 제안한 피난 주택을 트리엔날레뮤지엄 정원에 건설한다는 획기적인 기획이었다.

2004년 스리랑카에 커다란 쓰나미를 몰고 온 수마트라 대지진, 2005년 허리케인 카트리나로 발생한 뉴올리언스 대홍수, 2008년 중국의 쓰촨 대지진 등 2000년 대는 대재해가 끊이지 않는 시대였다. 그 후 2011년 3월 11일 동일본 대지진이 일어났다. 세상 사람 모두 지구가 파괴되고 있다고 느끼기 시작했다.

지금 생각하면 20세기는 자연재해가 비교적 적은,

어떤 의미에서 운이 좋은 시대였다. 다시 지각 변동이 심해지고 거기에 지구온난화까지 겹쳐 어떤 재해가 언제 닥쳐와도 이상하지 않다. 그런 대재해 시대에 천으로 인간을 구할 수 없을까 생각하기 시작했다.

상처받은 인간을 구제하기 위해 천은 옛날부터 사용되었다. 상처에 붕대를 감고 젖은 수건으로 몸을 식히기도 하고 덥히기도 했다. 언젠가 입원했을 때 느낀 침대 시트의 감촉이 잊히지 않는다. 인간은 약하면 약할수록 천이라는 부드럽고 유연한 면을 필요로 한다. 천에는 그런 이상한 치유력이 숨어 있다. 그렇기에 베두인은 사하라의 가혹한 환경 속에서 천에 의존했고 라이트는 애리조나 사막에서 천에 집착했다.

전람회 타이틀 '카사 페르 투티'를 되풀이해 읽는 도중 한 가지 아이디어가 떠올라 갑자기 웃음을 터뜨렸다. 'casa카사'는 이탈리아어로 집이지만 일본어로 'かさ카사'는 우산이다. 우산 같은 피난 주택은 있을 수 없을까? 우산은 천을 펼쳐 비나 햇볕으로부터 우리를 지키는 도구다. 비가 내리면 잽싸게 우산을 쓰는 유연함으로 재해가 닥치면 우산 같은 집을 지어 몸을 지키는 것이다.

먼저 떠오른 생각은 거대한 우산 같은 건축이다. 우산 뼈대를 두껍게 만들면 구조적으로 불가능하지는 않지만 그렇게 큰 우산을 어디에 넣어둘지가 문제다. 큰 우산을 만듦으로써 프레임이 투박해지는 것도 싫었다. 프레임을 부정하고 씌우개를 삼으려는 젬퍼주의자인 나에게 큰 우산이 어울리지 않는다고 느꼈다.

우산을 사용할 거라면 차라리 일반 우산을 여러 개 이어서 하나의 피난 주택을 지을 수는 없을까? 누구나 현관 우산꽂이에 우산 하나씩은 꽂아두고 지진이나 쓰나미가 오면 우산을 집어 들고 피한다. 우산을 들고 있는 사람끼리 협동해 각자의 우산을 잇대 피난 주택을 조립하는 이야기가 뇌리에 스쳤다. 우산을 짜는 젬퍼식 직물주의다. 신변에 있는 것을 긁어모아 둥지를 트는 날도래의 방법이라 불러도 좋다. 이거라면 '모두의 집'이라는 주제에도 딱 맞다. 작고 약한 개인이 서로 돕듯 작고 약한 우산이 모여 서로를 지키는 것이다.

풀러 돔과 건축의 민주화

하나의 이야기를 그릴 수 있다면 그다음에는 그것을 기술
적으로 해결할 뿐이다. 작은 단위를 조합해 돔 모양의 건
축물을 짓는 실험은 미국의 천재 건축가이자 디자이너이
며 사상가인 버크민스터 풀러Buckminster Fuller, 1895-1983가
반복해왔다. 풀러는 네모난 상자 같은 건축을 파괴하려고
한 선배로, 건축에서 자동차까지 폭넓게 디자인해 내가
학창 시절부터 동경한 영웅이었다. 건축가라는 절대적인
존재가 특이한 조형의 건축을 디자인한다는 유럽식, 엘리
트주의식 건축가상을 줄곧 비판한 그는 알베르티 이후의
특권적 건축가상을 파괴하려 하고 서민 건축, 건축의 민
주화를 목표로 평생 싸웠다. '우주선 지구호Spaceship Earth'
는 그가 만든 조어인데, 일찌감치 위기에 처한 지구 환경
을 지적하며 그것을 해결하려면 최소 물질로 최대 볼륨을
획득할 수 있는 돔 건축이 최적이라고 주장한 내용이다.
풀러는 자신의 특기인 수학을 이용해 정십이면체와 정이
십면체가 돔 구조에 적합하다는 것을 증명했다.[21] 그 다
음 누구나 스스로 만들 수 있는 민주적 건축이라는 아이
디어를 실증하기 위해 학생들과 함께 워크숍 방식으로 수
많은 풀러 돔Fuller Dome을 건설했다.[22]

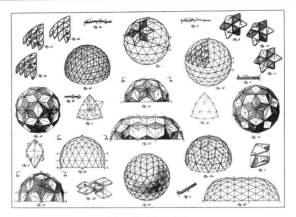

㉑ 풀러의 돔 연구

㉒ 학생들과 완성한 풀러 돔

버크민스터 풀러, 몬트리올 만국박람회 미국관, 1967년

나의 대학시절 은사인 우치다 요시치카内田祥哉, 1925- 교수
도 풀러의 열렬한 지지자였다. 우치다 선생은 마찬가지로
도쿄대학 건축학과에서 교편을 잡은 단게에 비판적이었
고, 단게와 같은 조형제일주의의 특권적 건축가상을 뒤집
고자 다양한 연구와 실험을 되풀이했다. 요미우리신문사
로부터 돔구장 설계를 의뢰 받고 일본을 방문했을 때 우
치다 선생은 풀러를 안내하며 건축의 미래에 대해 이야기
를 나눴다. 그 영향으로 나도 학창 시절 풀러 돔에 도전했
다. 실제로 해보니 풀러가 말하는 것만큼 풀러 돔을 짓기
란 간단하지 않았다. 프레임을 가공해 정십이면체나 정이
십면체를 만드는 일이 무척 어려웠고 이음새의 방수 문제
도 난관이었다. 그 때문에 풀러 돔은 풀러가 예측한 만큼
보급되지 않았다. 몬트리올 만국박람회 미국관처럼 특수
한 건축을 짓는 데 필요한 특수한 건축 기술로 끝나고 말
았다.(23)

풀러 돔의 한계가 돔 건축이라는 과제를 로지에식 프레임주의로 해결하려 한 데 있다고 느낀다. 프레임이란 도식이었다. 로지에식 프레임주의는 주지주의적 도식주의이고, 복잡하게 뒤얽힌 이 세계를 난폭한 프레임 도식으로 간략화해 억지로 들이맞추려 한다. 프레임으로 간략화하면 머릿속에서는 풀린 줄 착각하지만, 프레임과 현실 사이에 큰 괴리가 생기고 현실을 구성하는 다양한 작은 사물이 프레임 사이에서 모래처럼 부슬부슬 흘러 떨어진다.

프레임에 의존하지 않고 작은 우산을 하나하나 더해가기만 해도 돔이 완성된다면 풀러가 목표로 한 궁극의 민주적 건축에 한 걸음 다가간 것이 아닐까.

로지에 신부에게서 유래한 프레임주의에서 젬퍼식 직물주의로의 전환을 목표로 하는 나로서는 우산처럼 작은 일용품을 엮어 모두의 돔을 실현하고 건축의 민주화를 향해 한 걸음 내디뎌 풀러의 싸움을 계승하고 싶다.

내가 무엇을 요구하는지 한순간에 이해해주는 구조 엔지니어 에지리 씨에게 의논했더니 프레임을 보강하지 않아도 우산을 차례로 이어가기만 하면 온전한 돔이 완성된다는 대답이 돌아왔다. 우산 열다섯 개를 이어 돔을 만드는 원리는 기하학 측면으로 보아 이치에 맞는 듯하다.

다만 단위가 되는 우산에 사소한 궁리를 더해야 했다. 우산은 삼각형 여섯 개를 조합한 육각형이지만 우산 하나하나에 삼각형 천 세 장을 더하지 않으면 닫힌 돔이 되지 않는다는 사실을 깨달은 것이다. ㉔㉕ 여분으로 천 세 장

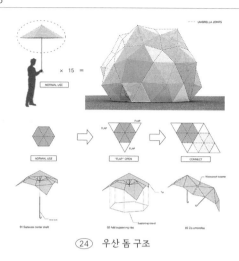

24 우산 돔 구조

25 삼각형 천을 더한 우산

㉖　우산 돔에 생긴 창

을 준비해 우산과 우산 사이에 난 틈을 메워야 완벽한 돔이 된다. 다소 이상한 모양새가 되지만 천을 덧붙이면 오히려 우산끼리 구분하기 쉬워진다는 이점이 있다. 삼각형 천은 창으로도 사용할 수 있다. 풀러 돔에는 창이 없지만 우산 돔에는 지퍼로 여닫는 창이 달린 덕분에 통풍을 원활하게 할 수 있다.㉖

　열다섯 명의 우산을 발견하면 가장자리에 붙인 방수 지퍼끼리 꿰매어 계속 짜 맞춰 나가면 된다. 우산처럼 값싼 일용품을 긁어모으기만 해도 우리를 지키는 씌우개가 완성된다는 궁극의 젬퍼주의적, 날도래적 건축이다. 풀러 돔의 뼈대와 비교하면 일반 우산의 뼈대는 훨씬 가냘프고 가늘다. 뼈대프레임가 없으니 씌우개만의 건축으로 보인다. 어떻게 그렇게 가는 뼈대로 돔이 지탱될까?

텐세그리티로 지구를 구하다

에지리 씨는 뼈대와 막이 서로 도와 텐세그리티tensegrity 구조를 형성하기 때문에 우산의 가느다란 뼈대로도 지름 5.3m 돔을 지탱할 수 있다며 자신만만해했다.

텐세그리티 구조 역시 버크민스터 풀러가 제창한 것으로, 부재를 극한까지 줄일 수 있고 효율성이 아주 높은 천재적 역학 구조 시스템이다. 풀러는 끊임없이 지구 자원의 유한성에 문제의식을 가졌다. 닫힌 우주선 안에서 모두가 제멋대로 살면 큰일이 난다. 인구 폭발, 도시 확장 탓에 지구는 이미 우주선이라 부를 만큼 자그맣고 보잘것없으며 미덥지 못한 존재라고 풀러는 직감했다. 그 때문에 이 위태로운 지구를 우주선 지구호라고 불렀다.

바로 현대의 지구 환경 위기를 예고하던 풀러는 유한한 자원이 오래가려면 물질의 효율성을 최대한 높여야 한다고 생각했다. 어떤 물질, 예컨대 철을 구조재로 사용할 때 가장 효율성이 높은 경우는 그것을 인장재로 쓰는 경우다. 철로 만든 가느다란 와이어를 인장재로 사용하면 묵직한 돌도 끌어올릴 수 있다. 압축재기둥나 휨재보로 철을 사용하면 효율은 훨씬 떨어진다. 굵고 투박한 철로 된 보가 아니면 무거운 돌을 지탱할 수 없다. 그렇다 하더라

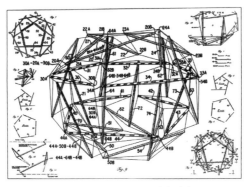

㉗ 풀러가 작성한 텐세그리티 해설도

도 와이어만 있다면 흘러내린 채 지면에 서지 못해 건축
이 되지 못한다. 따라서 풀러는 인장재와와이어 압축재막대
를 제대로 조합해야 가장 효율성 높은 건축이 된다는 사
실을 발견하고, 그것을 텐세그리티 구조라고 불렀다. 텐
션tension, 인장을 활용해 인테그리티integrity, 안정성에 도달하
는 구조이기에 텐세그리티라고 명명한 것이다.㉗ 이 마
법 같은 구조를 잘 이용하면 마치 무중력 상태에서 건축
을 세우는 것과 같은 일이 실현된다.

　　예전부터 텐세그리티에 흥미가 있어 다양한 실험을
되풀이해왔다.㉘ 실처럼 가는 선을 사용해도 강한 구조
체를 만들 수 있다는 점이 마술처럼 느껴졌다. 압축재 조
각을 일종의 점으로 판단할 수 있기 때문에 점과 선을 짠
구조 시스템이라고도 할 수 있다. 돌 같은 점을 쌓아 올리
는 방식이라면 아무래도 묵직한 건축이 되고 마는데 선을
사용하고 게다가 선의 장력을 사용하는 발상의 전환만으

(28)　프랑스 테크날Technal 사와 공동으로 제작한 텐세그리티

로 이렇게 경쾌한 구조체가 생긴다. 텐세그리티가 건축의 역사를 새로 쓰는 듯한 예감이 들었다.

하지만 풀러는 왜인지 자신의 풀러 돔에 텐세그리티 구조를 적용하지 않았다. 프레임만으로 돔을 지탱하고 프레임과 프레임 사이를 막이나 유리로 메우는 방식이 풀러 돔의 구조 시스템이었다. 막이나 유리는 구조에 도움이 되지 않는다. 아무리 천재적인 풀러라 하더라도 프레임주의에서 벗어나지 못했다고 할 수 있다.

풀러는 모든 면에서 20세기를 넘어서려고 한 탓에 계속 좌절을 맛본 사람이었다. 초저비용당시 6,500달러로 가능하다는 점이 세일즈 포인트였다으로 단기간에 시공할 수 있는 조립식prefab 돔형 주택 다이맥시온 하우스Dymaxion House를 발매했지만 장식이 달린 옛날 그대로의 네모난 집을 좋아한 20세기 미국에서 받아들여지지 않았고 순식간에 도산할 위기에 내몰렸다.(29)

㉙　버크민스터 풀러, 다이맥시온 하우스, 1945년

풀러는 너무 일찍 태어난 사람이었다. 20세기를 뛰어넘을 꿈이 많았지만 당시 기술이 보인 한계, 사람들의 관심 범위에 한계가 있어 실현되지 못했다. 프레임주의를 기초로 하는 풀러 돔도 20세기에는 받아들여지지 않았다.

　　우리는 풀러의 사상을 이용해 그를 넘어서려고 했다. 그러니까 풀러의 텐세그리티를 빌려 풀러 돔의 프레임주의, 로지에주의를 넘어서고자 했다. 우리가 고안한 텐세그리티 돔의 특징은 기존 텐세그리티가 '나무=선'을 인장재로 사용한 것과 달리 '막=면'을 인장재로 사용했다는 점이다. 실을 사용한 텐세그리티는 가느다란 실이 거의 보이지 않아 곡예에 가까운 투명감을 띤다. 반대로 면을 인장재로 사용함으로써 안과 바깥을 구획하는 재료로서의 막이 아니라 구조재로서의 막, 구조재로서의 면을 발견할 수 있었다. 극히 얇은 면이 건축물을 지탱하는 구조재가 되니 소재가 절약되었다.

세포와 텐세그리티

텐세그리티식 사고는 생물학에서도 주목받는다. 세포생물학자 도널드 잉버Donald E. Ingber, 1956- 는 세포가 텐세그리티 구조라고 말했다. 1970년대 예일대학 학생이었던 잉버는 세포를 페트리 접시에 올리면 착 찌부러지지만 거기에 효소를 넣고 옮기면 동그랗게 부푸는 현상을 보고 그 이유를 생각하기 시작했다. 며칠 후 우연히 디자인 수업에서 풀러의 텐세그리티 구조를 배우고는 부푼 세포야말로 텐세그리티임이 틀림없다고 문득 떠올렸다.

세포를 젤이 든 단순한 풍선이라고 생각하면 부푸는 현상을 설명할 수 없다. 그러나 세포 안에는 세포 골격을 담당하는 단백질 섬유의 3차원 그물코 구조가 숨어 있다. 이 그물코 인장으로 세포 모양이 유지된다. 각각의 세포는 초점 접착역focal adhesion이라는 점을 매개로 세포를 둘러싼 기질에 접착한다. 그럼 외부 역학적 환경이 실시간으로 단백질 섬유의 네트워크를 통해 세포 구석구석으로 전달된다. 이 구조는 우리가 프랑크푸르트에 세운 다실의 막 두 장과 그 사이를 잇는 실선의 관계와 많이 닮았다.㉚

세포는 고립된 점이 아니라 면의 인장력, 면 안에 숨은 실의 인장력으로 서로 연결되고 중력이 작용하는 세계

③⓪ 안쪽 막과 바깥쪽 막을 잇는 실

에서 모양을 지탱하며 중력과 타협한다. 풀러가 미래 구조 시스템으로 제창한 텐세그리티는 생물의 기본 원리였다.

다시 젬퍼와 로지에로 비유하자면 생물이 뼈대로 이루어졌다고 생각한 로지에식 생물관을 대신해 점·선·면이 네트워크를 이뤄 생물의 몸을 지탱한다는 젬퍼식 생물관으로 향하고 있다. 풀러는 건축의 미래를 예언했을 뿐만 아니라 생물학에서도 예언자 역할을 했다. 잉버를 매개로 그의 텐세그리티가 생물학에도 전환을 초래했다.

우리는 밀라노에 가기도 전 난관에 부딪혔다. 일본에는 이 특별한 우산을 만들 수 있는 공장이 없었다. 우리가 사용하는 우산은 모두 중국이나 다른 외국 제품이었던 것이다. 갖은 수를 다 써 사방팔방 찾은 끝에 가까스로 우산 아트로 유명한 이다 스미히사飯田純久 씨를 만날 수 있었다. 다양한 우산 작품을 제작하는 이다 씨는 "지퍼와 삼각형 천의 덧거리가 달린 우산 같은 건 간단합니다."라며 우리의 제안을 흔쾌히 받아들여주었다.

이다 씨는 우산 하나하나를 혼자서 손수 만든다. 우산 만들기라는 작은 기술만으로 열다섯 명을 수용할 커다란 건축이 완성되는 일은 획기적이지만, 유감스럽게도 우산 제작은 이다 씨 한 사람의 작은 손에 달린 일이었다. 개막일까지 우산 열다섯 개가 밀라노에 도착할 수 있을까? 드디어 그날이 오고 밀라노 전시장의 푸른 잔디밭에 열다섯 명의 학생이 모여 조마조마한 마음으로 우산을 기다렸다.

예정 시간에 빠듯하게 맞춰 우산이 도착했고 열다섯 명은 순식간에 우산을 연결해 새하얀 우산 집을 세웠다.㉛ 완성된 우산 돔 안에서 연회가 시작되었다.㉜ 열다섯 개 우산으로 만든 공간은 열다섯 명이 지내기에 충분한 공간이었다. 이 특별한 우산을 현관 우산꽂이에 놓아두고 어떤 재해가 일어나도 그것을 들고 피한다면 그럭저럭 도움이 될 거라 생각하니 다소 안심이 된다. 다정한 우산 집이 틀림없이 동료를 지켜줄 것이다. 부드러운 천의 힘이 그런 안도감을 준다. 우산 집에는 투박한 프레임이 없으니 의복에 살포시 감긴 안도감이 느껴진다. 하얀 막으로 덮인 공간은 하얗고 부드러운 빛으로 가득 차 치유되는 듯한 다정한 공간이 되었다. 젬퍼와 풀러와 사하라사막의 지혜가 한꺼번에 밀라노에서 꽃을 피웠다.

③① 지퍼로 우산을 이어 하얀 돔을 만드는 과정

③② 우산 돔에서 시작된 연회

800년 후의 방장암

가마쿠라鎌倉시대를 대표하는 문인 가모노 조메이鴨長明, 1155-1216가 『방장기方丈記』를 쓴 지 800년이 지난 것을 기념해 '현대의 방장암方丈庵'을 디자인해달라는 의뢰가 갑자기 들어왔다. 대지는 가모노가 실제로 살았다는 교토의 시모가모 신사下鴨神社 경내다. 가모노는 시모가모 신사의 신관禰宜이었던 가모노 나가쓰구鴨長継의 차남이었다.

작고 빈약한 집이야말로 훌륭하다는 『방장기』의 사상에 오래전부터 흥미가 있었다. 전란, 천재지변, 기근이 잇따른 혹독한 시대와 좌절에 좌절이 이어진 자신의 인생이 가모노 사상, 가모노 건축관을 낳았다. 재해가 겹치는 혹독한 시대가 우산 집을 낳은 계기가 된 것처럼 혹독한 시대, 가혹한 처지에서 새로운 건축이 태어난다.

"강물은 끊임없이 흐르지만 원래의 그 물은 아니다. 웅덩이에 떠 있는 물거품도 한편으로 사라지고 한편으로 생기지만 오래 머무는 일이 없다. 세상 사람이나 집 또한 그와 같다. 옥을 깔아놓은 듯 아름다운 교토에서 기와의 높고 낮음을 겨루듯이 늘어선 기와집에 사는 사람들은 신분의 고하를 막론하고 대를 이어 사는 것 같지만, 실제로 그런가 하고 물어보면 옛날부터 있던 집은 드물다. 어떤 집은 작년에 불에 타 올해 새로 지었고, 어떤 집은 고대광실이 사라지고 작은 집이 들어섰다. 사는 사람도 이와 마찬가지다. 장소도 변하지 않고 사람도 많이 살지만 옛날부터 보던 사람은 이삼십 명 중 겨우 한두 명뿐이다. 아침에 죽고 저녁에 태어나는 것처럼 그저 물거품과 닮았다."

『방장기』

내가 가장 흥미를 느낀 부분은 가모노가 실제로 이동 가능한 모바일 하우스에 살았다는 전설이다. 그는 방장한 변이 3m인 정사각형 방으로 된 작은 집을 이상으로 삼았다. 그의 집은 손수레에 실어 운반할 정도로 작았다고 한다. 단지 작은 크기 때문만이 아니라 운반이 가능한 궁극의 모바일 하우스를 지었기에 가모노 사상에 부응하지 않았을까? 800년 후 방장암을 짓는 프로젝트는 그렇게 출발했다.

가모노의 과격한 모바일 하우스 벽은 멍석이었다는 설이 힌트를 주었다. 나무 프레임은 해체해 손수레에 실을 수 있지만 아무래도 토벽은 운반할 수 없다. 멍석이라면 둘둘 말아서 간단히 손수레에 실을 수도 있고, 가벼워서 손으로 들고 옮길 수도 있다. 그는 나무 프레임과 멍석으로 지은 집에 살았으니 아마도 간단히 운반할 수 있었던 게 아닐까? 그 나름의 선과 면을 잘 조합해 모바일 하우스를 지었음이 틀림없다. 그럼 현대판 멍석 집을 지을 수는 없을까?

멍석 대신 찾아낸 재료는 ETFEEthylene Tetra Fluoro Eth-

㉝ 해삼

ylene, 불소수지라는 새로운 유형의 막이었다. 불소수지가 원래 온실 소재였다는 점이 흥미로웠다. 온실처럼 값싸고 손쉬운 건축물을 짓는 싸구려 소재로 여겼지만, 가볍고 강하고 투명하고 내후성이 뛰어난 덕분에 최근 들어 역이나 공항, 경기장 같은 대형 건축물의 지붕에 사용하게 되었다. 막의 결점을 극복한 불소수지는 유리처럼 투명한 부드러운 막이다.

남은 과제는 어떤 구조체로 막을 지탱할까였다. 나무로 프레임을 짜고 그것을 불소수지로 둘러싸면 간단하다. 하지만 그런 식이라면 가모노의 시대와 그다지 다를 게 없다. 나무 프레임도 상당히 투박해져 로지에식 프레임주의에서 벗어났다고 할 수 없다. 800년이나 지났기 때문에 현대의 방장암에 어울릴, 프레임 없는 구조로 젬퍼식 직물 같은 오두막 짓기 실험이 시작되었다.

그때 문득 떠오른 것이 바다에 서식하는 해삼의 신체 구조였다.㉝ 알다시피 해삼은 흐물흐물한 생물이지만

㉞　나무 조각을 붙인 불소수지

'흐물흐물한데도 뼈가 있는 놈'이라고도 표현한다. 척추
동물 같은 골격은 없지만 피부 안에 현미경으로만 보이는
무수한 뼛조각을 숨겨놓아서 그렇다. 피부의 장력과 뼛조
각의 압축력을 잘 이용하는 텐세그리티의 달인이 해삼이
었다. 흐물흐물한데도 뼈가 있는 놈의 아주 무력한 구조
는 로지에주의에다가 보란듯이 낡은 골격을 비웃는 듯하
고 극히 미래적으로 느껴졌다.

　　우리는 미덥지 못할 만큼 작고 가는 1×3cm의 목재를
뼈대로 만들었다. 세 장의 투명한 불소수지에 각각 다른
패턴으로 '나무 조각=뼛조각'을 붙인 점이 특징이다.㉞ 다
른 패턴의 뼈대를 가진 불소수지 세 장을 겹침으로써 흐물
흐물했던 면이 갑자기 벽처럼 단단하고 견고해진다. 그것
역시 일종의 텐세그리티 구조다. 나무 조각이라는 딱딱한
선끼리 이어지면서 막의 장력이 유효하게 작동하고, 세포
가 텐세그리티로 구조를 유지한 듯 막의 모양이 유지된다.
작은 나무 조각을 붙일 뿐이라서 한 장 한 장의 막이 멍석

㉟ 멍석처럼 말아 옮기는 막

처럼 둘둘 말려 옆구리에 끼워 손쉽게 옮길 수 있다.㉟ 가모노도 그런 식으로 멍석을 안고 황폐한 도시를 어슬렁어슬렁 돌아다녔을지도 모른다.

세 장의 막을 겹치는 데 금속 볼트나 접착제도 없이 강력 자석을 사용한 점이 또 하나의 발명이다. 볼트나 풀을 사용하면 조립하고 해체하는 데 시간이 걸린다. 자석이라면 한순간에 조립도 해체도 가능하다. 자석이 달린 면과 면을 겹침으로써 안개처럼 갑자기 출현하고 갑자기 사라지는 모바일 하우스. 800년 후의 방장암이 그렇게 완성되었다.㊱

이 강력 자석은 「점」에서 소개한 이탈리아 피렌체 산속의 피에트라 세레나 석공에게서 배웠다. 그는 강력 자석으로 벽에 돌을 붙이는 실험을 되풀이했다. 원래 돌을 콘크리트 벽에 붙일 때 모르타르나 볼트를 사용한다. 그렇게 하면 돌을 떼어내기 쉽지 않고 한번 붙이면 돌이킬 수 없다. 반면 자석은 붙이기도 해체하기도 간단하고 돌

㊱　800년 후의 방장암, 2012년

에 손상을 입힐 일도 없다. 이사할 때도 돌만 떼어내 새집에 다시 사용할 수 있다. 확실히 이동하는 장식이란 생각이 흥미로워 방장암스럽기는 하다. 하지만 돌을 운반하더라도 집 자체를 손으로 거뜬히 들지 못하면 현대의 방장암이라고 부를 수 없다. 자석의 점과 나무 조각의 선, 불소수지의 면이 연동해 비로소 방장암이 된다.

　시모가모 신사 경내에 출현한 현대의 방장암은 너무나도 투명하고 경쾌해 자칫하면 그냥 지나칠 정도로 존재감이 희미했다. 가느다란 나무 조각이 시모가모 신사의 숲속을 떠도는 듯했다. 이렇게 아무렇지 않은 방장암이라면 뒹굴어진 가모노도 아마 나무 그늘에서 기꺼이 지켜보고 있지 않을까?

　시모가모 신사에 출현한 아지랑이처럼 덧없는 건축은 불소수지를 이용한 면의 건축인 동시에 나무 조각을 뼈대로 하는 선의 건축이며 강력 자석을 이용한 점의 건축이기도 했다. 점·선·면이 서로 울리고 끼워 넣어지며 인간 주위를 부유하고 신체를 지켜준다.

　『방장기』가 완성되고 800년이 지난 지금 시대는 상당히 혹독해졌지만 그렇기에 우리는 다시 한번 현대의 멍석을 안고, 그 유연하고 부드러운 면을 안고 이 황폐한 세계를 걸어가야 한다.

참고 문헌

방법서설

- カンディンスキー, 『点・線・面−抽象芸術の基礎』, 西田秀穂訳, 美術出版社, 1959 | 『点と線から面へ』, 宮島久雄訳, ちくま学芸文庫, 2017 | W. Kandinsky, 『Punkt und Linie zu Fläche: Beitrag zur Analyse der malerischen Elemente』, München: Verlag Albert Langen, 1926

- ギブソン, ジェームズ, 『視覚ワールドの知覚』, 東山篤規, 竹澤智美, 村上嵩至訳, 新曜社, 2011 | J. J. Gibson, 『The Perception of the Visual World』, Cambridge, MA: The Riverside Press, 1950

- ギブソン, ジェームズ, 『生態学的知覚システム−感性をとらえなおす』, 佐々木正人, 古山宣洋, 三嶋博之監訳, 東京大学出版会, 2011 | J. J. Gibson, 『The Senses Considered as Perceptual Systems』, Boston: Houghton Mifflin, 1966 | 제임스 깁슨, 『지각체계로 본 감각』, 박형생, 오성주, 박창호 옮김, 아카넷, 2016

- カルポ, マリオ, 『アルファベットそしてアルゴリズム 表記法による建築−ルネサンスからデジタル革命へ』, 美濃部幸郎訳, 鹿島出版会, 2014 | M. Carpo, 『The Alphabet and the Algorithm』, Cambridge, MA: The MIT Press, 2011

- バンハム, レイナ, 『第一機械時代の理論とデザイン』, 石原達二, 増成隆士訳, 原広司校閲, 鹿島出版会, 1976 | R. Banham, 『Theory and Design in the First Machine Age』, London: The Architectural Press, 1960

- ラトゥール, ブルーノ & アルベナ, ヤネヴァ, 「銃を与えたまま、すべての建物を動かしてみせよう−アクターネットワーク論から眺める建築」, 吉田真理子訳, LIXIL出版公式サイト, 2016 (http://10plus1.jp/monthly/2016/12/issue-04.php, 2020년 1월 20일 열람) | B. Latour and A. Yaneva, Give Me a Gun and I Will Make All Buildings Move: An ANT's View of Architecture」, First published in R. Geiser (ed), Explorations in Architecture: Teaching, Design, Research, Basel: Birkhäuser, 2008

- ウダール, ソフィー & 港千尋, 『小さなリズム−人類学者による「隈研吾」論』, 加藤耕一監訳, 桑田光平, 松田達, 柳井良文訳, 鹿島出版会, 2016 | S. Houdart et C. Minato, 『Kuma Kengo: Une Monographie Décalée』, Paris: Éditions Donner Lieu, 2009

- ギーディオン, ジークフリート, 『新版 空間・時間・建築 (復刻版)』, 太田實訳, 丸善,

2009 | S. Giedion, 『Space, time and architecture: the growth of a new tradition』, Cambridge, MA: Harvard University Press, 1967

- 大栗博司, 『重力とは何か−アインシュタインから超弦理論へ, 宇宙の謎に迫る』, 幻冬舎新書, 2012 | 오구리 히로시, 『중력: 우주를 지배하는 힘』, 박용태 옮김, 지양사, 2013

- コールハース, レム, 『S, M, L, XL+: 現代都市をめぐるエッセイ』, 太田佳代子, 渡辺佐智江訳, ちくま学芸文庫, 2015 | R. Koolaas, 『S, M, L, XL』, New York: The Monacelli Press, 1995

- コールハース, レム, 『錯乱のニューヨーク』, 鈴木圭介訳, ちくま学芸文庫, 1999 | R. Koolhaas, 『Delirious New York: A Retroactive Manifesto for Manhattan』, New York: Oxford University Press, 1978

- ドゥルーズ, ジル, 『襞−ライプニッツとバロック (新装版)』, 宇野邦一訳, 河出書房新社, 2015 | G. Deleuze, 『Le Pli: Leibniz et le Baroque』, Paris: Les Éditions de Minuit, 1988

- ヴェルフリン, 『ルネサンスとバロック−イタリアにおけるバロック様式の成立と本質に関する研究』, 上松佑二訳, 中央公論美術出版, 1993 | Wölffin H., 『Renaissance und Barock: Eine Untersuchung über Wesen und Entstehung des Barockstils in Italien』, München: T. Ackermann, 1888.

점

- ドゥルーズ&ガタリ, 『アンチ・オイディプスー資本主義と分裂症 (上・下)』宇野邦一訳, 河出文庫, 2006 | G. Deleuze et F. Guattari, 『L'anti-Œdipe』, Paris: Les Éditions de Minuit, 1972 | 질 들뢰즈, 펠릭스 가타리, 『안티 오이디푸스』, 김재인 옮김, 민음사, 2014

- ライト, 『ライトの遺言』, 谷川正己, 谷川睦子訳, 彰国社, 1966 | F. L. Wright, 『A Testament』, New York: Horizon Press, 1957

- ライト, 『自傳-ある芸術の形成』, 中央公論美術出版, 1988 | F. L. Wright, 『An autobiography』, New York: Duell, Sloan and Pearce, 1943 | 프랭크 로이드 라이트, 『프랭크 로이드 라이트 자서전』, 이종인 옮김, 미메시스, 2006

선

- ル・コルビュジエ, 『建築をめざして』, 吉阪隆正訳, 鹿島研究所出版会, 1968 | Le Corbusier, 『Vers une architecture』, Paris: Les Éditions G. Crès et Cie, Collection de 《L'Esprit Nouveau》, 1923 | 르 코르뷔지에, 『건축을 향하여』, 이관석 옮김, 동녘, 2007

- ル・コルビュジエ, 『伽藍が白かったとき』, 生田勉, 樋口清訳, 岩波文庫, 2007 | Le Corbusier, 『Quand les cathédrales étaient blanches』, Paris: Librairie Plon, 1937

- リン, グレッグ, 「点描画法」, 《SD-space design》 398호, 鹿島出版会, 1997년 11월

- インゴルド, ティム, 『ラインズー線の文化史』, 工藤晋訳, 左右社, 2014 | Ingold, T., 『Lines: A Brief History』, London: Routledge, 2007

- 石川九楊, 『筆蝕の構造 書字論 (石川九楊著作集VII)』, ミネルヴァ書房, 2017

도판 출처

방법서설

1. クレア・ジマーマン,『ミース・ファン・デ
   ル・ローエ』, TASCHEN, 2007

2. コーリン・ロウ,『コーリン・ロウ建築論
   選集 マニエリスムと近代建築』, 伊
   東豊雄, 松永安光訳, 彰国社, 1981

3. ハンス・K・レーテル他編,『カンディ
   ンスキー: 全油彩総目録 全2冊揃
   (1916-1944)』, 西田秀穂, 有川治男訳,
   岩波書店, 1989

4. 『Greg Lynn Form』, edited by G.
   Lynn and M. Rappolt, New York:
   Rizzoli International Publications,
   2008

5. 《CAR GRAPHIC》 1973년 12월호

7. 隈研吾,『小さな建築』, 岩波新書,
   2013

8. 二川幸夫編,『ル・コルビュジエ サ
   ヴォア邸 1928–1931 世界現代住
   宅全集 05』, A. D. A. Edita Tokyo,
   2009

9. 松浦寿輝,『表象と倒錯−エティエ
   ンヌ=ジュール・マレー』, 筑摩書房,
   2001

10. C. Jencks,『Le Corbusier and the
    Tragic View of Architecture』,
    Cambridge, MA: Harvard
    University Press, 1973

11, 12
    カンディンスキー,『点・線・面−抽象
    芸術の基礎』, 西田秀穂訳, 美術出
    版社, 1959

13. 萩原詩子 촬영

점

본문 시작 76-77쪽
구마겐고건축도시설계사무소 제공,
Eiichi Kano 촬영

1　日本建築学会編,『東洋建築史図
集』, 彰国社, 1995

2, 4, 5
日本建築学会編,『西洋建築史図集
(三訂版)』, 彰国社, 1981

3, 24
「建築史」編輯委員会編著,『建築史
日本·西洋−コンパクト版』, 彰国社,
2009

6　(위) https://unsplash.com/photos/
ckotRXopwRM
(아래) 123RF.com

7, 16
クレア·ジマーマン,『ミース·ファン·デ
ル·ローエ』, TASCHEN, 2007

8, 9
『GA』NO.75, 1995

10　AP Art History, https://sites.
google.com/site/aparthistory
henryclayschool/art-history-
250-1/146/, 2020년 1월 20일 열람

11　二川幸夫企画·撮影, クリスチャン·ソ
ルベルグ=シュルツ文,『現代建築
の根』, 加藤邦男訳, A. D. A. Edita
Tokyo, 1988

13-15, 18-20, 63
구마겐고건축도시설계사무소 제공,
Mitsumasa Fujitsuka 촬영

21　ⓒ Böhringer Friedrich, https://
en.wikipedia.org/wiki/Crown_
glass_(window), 2020년 1월 20일
열람

22, 26
福田晴虔,『イタリア·ルネサンス建築
史ノート〈1〉ブルネッレスキ』, 中央
公論美術出版, 2011

23, 25
クリストフ·ルイトポルト·フロンメル,
『イタリア·ルネサンスの建築』, 稲川
直樹訳, 鹿島出版会, 2011

27　https://www.crystalinks.com/
romebaths.html, 2020년 1월 20일
열람

28　鈴木博之編,『図説年表 / 西洋建築
の様式』, 彰国社, 1998

29　三谷組公式サイト, http://mitani-
gumi.com/blog/15237,
2020년 1월 20일 열람

30 http://florencedome.com/1/
post/2011/06/the-centering-
problems.html, 2020년 1월 20일
열람

31 ジョヴァンニ・ファネッリ,『イタリア・ル
ネサンスの巨匠たち7 ブルネレス
キ』, 児嶋由枝訳, 東京書籍, 1994

32 「Discovered: Scale Model of
Florence Cathedral Dome」,
Peregrinations: Journal of
Medieval Art and Architecture
Volume 4 Issue 1, 2013

33, 34, 39-42, 46, 47, 59
구마겐고건축도시설계사무소 제공

35, 43
限研吾,『小さな建築』, 岩波新書,
2013

36 https://bvslight.msbexpress.net/
ins/help/Suite/fields/Masonry.
html, 2020년 1월 20일 열람

37 小檜山賢二,『小檜山賢二寫眞集
TOBIKERA』, クレヴィス, 2019

38 西村登,『ヒゲナガカワトビケラ』, 文一
総合出版, 1987

44 123RF.com

49, 50
玉置豊次郎監修, 坪井利弘著,
『日本の瓦屋根』, 理工学社, 1976

51, 54
구마겐고건축도시설계사무소 제공,
Eiichi Kano 촬영

52, 53, 60, 61
구마겐고건축도시설계사무소 제공,
Daici Ano 촬영

55 ジェイ・ボールドウィン,『バックミンスタ
ー・フラーの世界−21世紀エコロジ
ー・デザインへの先駆』, 梶川泰司訳,
美術出版社, 2001

56, 57
《a+u》, 1983년 11월 임시 증간호

58 N. Brosterman,『Inventing
Kindergarten』, New York: H. N.
Abrams, 1997

62 구마겐고건축도시설계사무소 제공,
Erieta Attali 촬영

64 마키신메이궁(槇神明宮) 소장

65, 66
도쿄대학 하라히로시
연구실(당시) 소장

본문 시작 156-157쪽
구마겐고건축도시설계사무소 제공,
device Sekiya 촬영

1 W. Boesiger,『Le Corbusier -
Œuvre complète 1952-1957』
Volume 6, Zurich: Les Éditions
d'Architecture, 1957

2 日本建築学会編,『日本建築史図集
(新訂第2版)』, 彰国社, 2007

3 ブルーノ・タウト,『画帖 桂離宮』, 篠
田英雄編訳, 岩波書店, 1981

4, 5
ブルノ・タウト, セゾン美術館編著,
『ブルノ・タウト 1888-1938』, トレヴィ
ル, 1994

6, 7
W. Boesige et O. Stonorov,『Le
Corbusier - Œuvre complète
1910-1929』Volume, Zurich: Les
Éditions d'Architecture, 1937

8 香川県庁舎50周年記念プロジェクト
チーム,『香川県庁舎 1958』, ROOTS
BOOKS, 2014

9 四宮照義, 鎌田好康, 林茂樹, 森兼
三郎, 松田稔, 「石井町の民家」『阿
波学会研究紀要 郷土研究発表会

紀要』제32호

11 藤井恵介監修,『日本の家 1 近畿』,
講談社, 2004

12 日本建築学会編,『近代建築史図集
(新訂版)』, 彰国社, 1976

13 《新建築》, 1975년 1월호

14 エミール・カウフマン,『三人の革命的
建築家 ブレ, ルドゥー, ルクー』, 白井
秀和訳, 中央公論美術出版, 1994

15 《新建築》, 1995년 1월호

16, 19
도쿄대학 하라히로시
연구실(당시) 소장

17, 18
Le Corbusier,『Gaudí』, Barcelona:
Ediciones Polígrafa, S. A., 1967

21 生誕100年・前川國男建築展実行
委員会監修,『建築家前川國男の仕
事』, 美術出版社, 2006

22 丹下健三, 藤森照信,『丹下健三』,
新建築社, 2002

23 白井晟一,『無窓』, 晶文社, 2010

24 《建築業協会賞50年−受賞作品を通して見る建築 1960-2009》, 新建築社, 2009

25 栗田勇監修, 『現代日本建築家全集 3 吉田五十八』, 三一書房, 1974

26 伊原洋光(hm+architects) 撮影

27 東光庵, 『TOGO MURANO 村野藤吾 1964-1974』, 新建築社, 1984

28 内田祥哉, 『ディテールで語る建築』, 彰国社, 2018

29 岩崎泰(岩崎建築研究室) 撮影

30 吉田五十八作品集編集委員会編, 『吉田五十八作品集』, 吉田初枝, 新建築社, 1976

31 内藤昌, 「書院造遺構における柱間寸尺の基準単位について−間の建築的研究 (18)」, 日本建築学会論文報告集 제63호, 1959년 10월

32 藤井恵介監修, 『日本の家 2 (中部)』, 講談社, 2004

33 宮本隆司撮影, 『日本名建築写真選集 第12巻 大德寺』, 新潮社, 1992

34 123RF.com

35 Tomohisa Kawase 촬영

36 福田晴虔, 『イタリア・ルネサンス建築史ノート〈1〉ブルネッレスキ』, 中央公論美術出版, 2011

37, 42, 43, 45 구마겐고건축도시설계사무소 제공, Mitsumasa Fujitsuka 촬영

46, 48, 50 구마겐고건축도시설계사무소 제공, Ross Fraser McLean 촬영

47, 53−55 구마겐고건축도시설계사무소 제공

49 구마겐고건축도시설계사무소 제공, Daici Ano 촬영

51 구마겐고건축도시설계사무소 제공, device Sekiya 촬영

52 구마겐고건축도시설계사무소 제공, Takumi Ota 촬영

면

본문 시작 236-237쪽
구마겐고건축도시설계사무소 제공

1 「建築史」編輯委員会編著,『建築史
日本·西洋－コンパクト版』, 彰国社,
2009

2, 3
ダニエーレ·バローニ,『リートフェ
ルトの家具』, 石上申八郎訳, A. D. A.
Edita Tokyo, 1979

4, 7, 16, 17
隈 研吾 촬영

5 堀口捨己,『建築論叢』, 鹿島出版会,
1978

6, 23, 29
日本建築学会編,『近代建築史図集
(新訂版)』, 彰国社, 1976

8 『GA』NO.75, 1995

9 도쿄대학 하라히로시
연구실(당시) 소장

10 A. Machowiak, D. Mizielinski und
D. Stroinska,『Treppe, Fenster, Klo:
Die ungewöhnlichsten Häuser der
Welt』, Frankfurt: Moritz Verlag-
GmbH, 2010

11, 21, 27
隈研吾,『小さな建築』, 岩波新書,
2013

12-14
구마겐고건축도시설계사무소 제공,
Antje Quiram 촬영

15 フランク·ロイド·ライト,『フランク·ロ
イド·ライト－建築家への手紙』, 丸善,
1986

18 ⓒ Patthanapong Watthananonkit
/ 123RF.com

19, 20, 24, 25, 28, 30-33, 35, 36
구마겐고건축도시설계사무소 제공

22 ジェイ·ボールドウィン,『バックミンス
ター·フラーの世界－21世紀エコロ
ジー·デザインへの先駆』, 梶川泰司
訳, 美術出版社, 2001

26 구마겐고건축도시설계사무소 제공,
Yoshie Nishikawa 촬영

34 123RF.com

찾아보기